情報工学基礎実験

九州工業大学情報工学部
情報工学基礎実験運営委員会 編

学術図書出版社

目 次

第 I 部　緒 論

第 II 部　実 験

付 録

実験を始める前の注意

1 情報工学基礎実験の目的

1. 情報工学のすべての分野に共通した実験技術および知識を習得する.

2. 実験データの取り扱い方や実験レポートの書き方を学ぶ.

3. 共同実験者と適切に役割を分担し, 議論し, 協力して目的を達成する訓練をする.

2 履修上の注意

1. 実験は全部で 4 テーマあり, 各実験テーマを 2〜3 人 1 組の班で履修する.

2. 開始時間になったら実験を自主的に始めること. 出席は始業後 10 分以内に取る. また, このとき実験ノートを見て予習状況を検査する (予習も評価の対象である: 下記「予習について」の項参照). 遅刻は 30 分まで認めるが, 減点の対象になるので注意すること.

3. 欠席する場合は事前に各実験の担当教員に電子メールで連絡すること.

4. 実験レポートは, 各自がそれぞれのテーマについて提出する.

5. レポートの内容にデータの捏造, 他グループの借用, 他人の丸写しなどがあれば「試験における不正行為」と同等に扱われる.

6. 実験中, 休憩は常識の範囲内で適宜取ってよい. ただし, 出席を取った後に途中退室し終了時間に戻ってくるような悪質な行為が発覚した場合, 情報工学基礎実験は不合格になる.

7. すべての実験に出席し, すべてのレポートを受理されなくては成績評価は行われない.

3 実験を行う上での注意

1. 実験は情報科学センター 2 階の基礎実験室で行う. 実験室には図 1 に示すように 20 の実験ベンチと準備室がある.

2. 準備室は教員控え室・消耗品置き場・工作室・機器保管場所などとして使用している. 消耗品が無くなったときは準備室に申し出ること.

3. 実験は 3 週で 1 テーマを行う. 各週の内容の割振りについては, 各テーマの担当教員または TA (ティーチング・アシスタント) の指示に従うこと.

4. 実験ノートを必ず用意すること (下記「実験ノートについて」の項参照).

5. 実験に必要な電卓・グラフ用紙・定規などは各自が用意すること.

6. 服装は, 実験着の類を着る必要はないが, 動作が楽な服装をする.

7. 実験室内での飲食は禁止する.

8. 棚においてある機器類を無断で持ち出してはならない.

9. 測定器類を壊したときは, 必ず担当教員または TA に報告すること.

10. ホワイトボードは自由に使用してよいが，落書きは禁止する．

11. 実験で必要な物以外の所持品は，荷物用戸棚に置くこと．

12. 実験が終了したら，担当教員または TA に結果を報告し，レポートの表紙を貰う (表紙の ないレポートは受理されない)．実験台を片付け，掃除機でベンチ周辺をきれいにして退出 する．

13. 指定の実験日以外に実験室を勝手に使用してはならない．

14. 部活動などは公式に認められた欠席とはならない．

4　実験ノートについて

実験ノートには罫線入りの綴じたものを使用する．ルーズリーフは散逸する恐れがあるので不 可とする．

まず見出しとして実験テーマのタイトルを書き，次に実験日・天候などを記録する．実験デー タとしては，測定した数値のみならず，その背景の条件 (測定装置の名称・実験手順など) をでき るだけ詳しく記録する．測定値はなるべく表形式にまとめた方が見やすい．測定値の記録の際に は必ず単位を明記する．

実験をやり直す場合，古いデータを消したりしないこと．実験においては，一見失敗したと 思っていたデータが後で役に立つ場合もある．

実験終了後は必ずグラフ用紙に描いてみる．可能であれば，データを取りながらグラフを描く． 結果がおかしい場合は，すぐに再測定を行う．

5　予習について

事前に実験内容を理解しておくことは大切である．基礎実験では予習として，実験テーマのタ イトル・目的・実験方法の概略・手順・注意事項などを実験ノートにまとめる．以上の記述は予 習点として採点される．

6　成績評価方法

成績は，各テーマについて予習，実験中の態度，レポート内容から総合的に判断して評価する．
- 測定とデータの扱い方　20 点
- 実験 1～4　各 20 点 (レポート 15 点，予習・態度 5 点)
- 合計　$20 + 20 \times 4 = 100$ 点

ただし，すべてのレポートが提出されていなければならない．またすべてのレポートを提出して いても 60 点未満であれば，不合格となる．

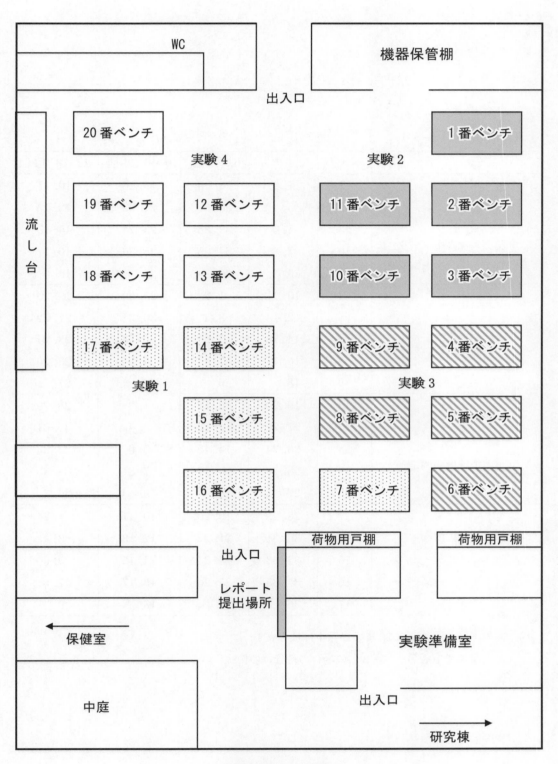

図1 実験ベンチの配置

表1 実験テーマ，ベンチ，班の対応

実験テーマ	ベンチ	3, 4, 5 回	6, 7, 8 回	9, 10, 11 回	12, 13, 14 回
実験2 デジタルマルチメータ	1	1, 2	28, 29	19, 20	10, 11
	2	3, 4	30, 31	21, 22	12, 13
	3	5, 6	32, 33	23, 24	14, 15
	10	7, 8	34, 35	25, 26	16, 17
	11	9	36	27	18
実験3 オシロスコープ	4	10, 11	1, 2	28, 29	19, 20
	5	12, 13	3, 4	30, 31	21, 22
	6	14, 15	5, 6	32, 33	23, 24
	8	16, 17	7, 8	34, 35	25, 26
	9	18	9	36	27
実験4 重力加速度の測定	12	19, 20	10, 11	1, 2	28, 29
	13	21, 22	12, 13	3, 4	30, 31
	18	23, 24	14, 15	5, 6	32, 33
	19	25, 26	16, 17	7, 8	34, 35
	20	27	18	9	36
実験1 フィジカルコンピューティング （アルディーノ）	7	28, 29	19, 20	10, 11	1, 2
	14	30, 31	21, 22	12, 13	3, 4
	15	32, 33	23, 24	14, 15	5, 6
	16	34, 35	25, 26	16, 17	7, 8
	17	36	27	18	9

注) 回の下にある1から36までの数字は班を表す．

最大履修者108名，1班3名の場合の班分けの例．

第1章　実験レポートの書き方

1　レポートの体裁について

基礎実験では，レポートの体裁を以下のように統一する．

- レポート用紙は A4 判で横野線の入ったものを使う．
- ペン書き，鉛筆書き，ワープロの使用の可・不可はクラスによって異なるので指示に従うこと．
- コピーの貼り付けは禁止とする．
- 表紙とともに左上をホッチキスで留めて提出する．

2　採点と再提出について

採点は完成したレポートに対して行われる．未完成のまま提出しても未提出扱いになる．また，レポートの内容によっては再提出を指示されることがある．再提出レポートではどこが加筆訂正した部分なのか分かりやすいようにしておくこと．

3　レポートの構成

実験レポートの目的は，「どんな実験をしたか」「どんな結果が得られたか」「それについてどう考えたか」を読み手にわかりやすく伝えることである．したがって，レポートは明解な文章で書かれ，かつ記述の展開がスムーズに伝わるよう構成されている必要がある．基礎実験では，一般の技術論文にならい，以下に示す5つの項目に沿ってレポートをまとめる．

1. 目的
2. 理論または原理
3. 実験の方法
4. 実験結果
5. 考察

以下に各章の書き方を説明する．

1. 目的
   実験の目的を簡潔にまとめる．他のすべての章にかかわる重要な部分である．
2. 理論または原理
   実験の目的を達成するために用いた理論または原理をまとめる．
3. 実験の方法
   具体的な実験装置や測定方法について記述する．前章までで，実験方法がすでに示されて

いればこの章はなくてもよい.

4. 実験結果

この章では実験で得られた「事実」を以下の点に留意して書く.

(a) データや解析結果はなるべく図または表にまとめて見やすくなるよう工夫する. また, どんな条件で得られた実験結果なのかを明示する. 一般に, 測定データは数が多いので「生データ」は書かなくてもよい, グラフで十分である. ただし, データ数が少ない場合は書いた方がよい.

(b) 目的量を求めるために用いた計算過程は, 計算の流れが分かるように示す. また, 有効数字 (有効桁) にも気をつけること.

(c) 物理量の名称や単位を必ず書く. 単位は 5.01 [V] のように四角カッコで囲む. 単位は国際単位系 (SI) を使用する. 単位については, p.86 付録 A.3 物理単位を参照のこと.

5. 考察

考察とは, 行った実験について自発的に問題提起し, それに対し自分で解答を考えるものである. 何を考察するかは各自に委ねられている. はじめからすべて自分で考えるのは難しいので, 基礎実験では考察課題を設けているテーマが多い. これらの課題をベースにして考察の仕方を習得する. また, 感想は考察の章には書かない. もし書きたければ別に項目を設けて書く.

4　図の描き方

図の描き方には多くの決まり事がある. 以下にその注意点をまとめる.

4.1　摸式図などの描き方

レポートを分かりやすくするためには装置の模式図や概念図, 回路図などを入れるとよい. これらの図は定規などを使ってきれいに描く. 曲線部分もテンプレートを使用するなどしてできるだけなめらかに描く. そして, 図の下部に図の通し番号と題名を書く.

4.2　グラフを描く際の注意点

実験結果を最も端的に表すのがグラフである. それゆえ, その意味するところが一目で理解できるように描かなければいけない. 図 1.1 に例として電流-電圧特性のグラフを示す.

1. グラフ用紙には専用の方眼紙 (市販されている A4 判の 1 mm 方眼, 片対数, 両対数グラフ用紙) を用いる.

2. 下部に図の通し番号と題名を書く. グラフは図の一種であるので, グラフ 1 という表記はしないで, 図 1 という書き方をする.

例:　図 1　正規分布

3. 縦・横の座標軸と目盛りを書く. 目盛りには数値を示す.

4. 縦軸・横軸に物理量の名称と単位を座標軸のほぼ中央に明記する.

5. 測定点は, ●○×などのマークでプロットする (点を打つことをプロットする, という).

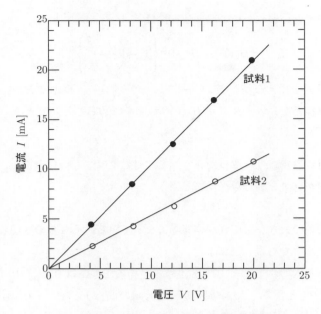

図 1.1　試料 1, 2 における電流 I-電圧 V 特性

6.　測定点を曲線で結ぶ場合はなめらかに結ぶ.

7.　同じ測定を条件 (たとえば試料) を変えて行う場合, 一般的には図 1.1 のように同じ図に重ね描きし, 各実験条件を図中に記入した方が分かりやすい.

4.3　直線化の工夫

　二つの物理量が直線関係にないときにも, 縦軸と横軸の取り方を工夫することにより, 測定結果を直感的に判断しやすい直線的な関係として表示することができる. 例を次に示す.

金属の比熱　　銅のような金属の低温比熱 C は, 絶対温度 T に比例する自由電子の寄与と, T の 3 乗に比例するイオンの熱振動の寄与の和である.

$$C = \gamma T + \beta T^3 \tag{1.1}$$

この式の係数 γ と β は電子やイオンの情報を含む重要な物質定数である. いろいろな温度における比熱の測定値から γ と β の値を決めたい. 両辺を T で割ると

$$\frac{C}{T} = \gamma + \beta T^2 \tag{1.2}$$

となり, 縦軸に C/T をとり, 横軸に T の 2 乗をとれば直線的な関係になる. これより, 切片と傾きに相当する γ と β を求めることができる.

超伝導体の臨界磁場　　ある種の金属はある決まった温度 T_c 以下で電気抵抗ゼロの超伝導状態に転移する. しかし, 外部磁場を印加すると, ある磁場 H_c で再び常伝導状態に転移する. H_c は

温度の関数で臨界磁場といわれ，その温度依存性は

$$H_{\mathrm{c}}(T) = H_{\mathrm{c}}(0)\left\{1 - \left(\frac{T}{T_{\mathrm{c}}}\right)^2\right\} \tag{1.3}$$

で与えられる．温度 T を変えながら H_{c} を測定したデータから，縦軸に H_{c} を，横軸に T^2 をとったグラフを作れば直線となり，これより $H_{\mathrm{c}}(0)$ と T_{c} を求めることができる．

4.4　対数グラフ

　縦軸だけを常用対数の目盛りに取ったグラフを片対数グラフといい，横軸・縦軸ともに常用対数の目盛りを取ったグラフを両対数グラフという．

片対数グラフ　　縦軸の大きな区切れが等間隔になっている．それらの区切れを 1 区画として常用対数を目盛ったグラフである．

　図 1.2 のようにある区切れを $1 = 10^0$ と決めるとその一つ下は $0.1 = 10^{-1}$ となり，$1 = 10^0$ の一つ上は $10 = 10^1$ となる．大きな区切れ 1 区画の間は $\log_{10} 2 = 0.301$，$\log_{10} 3 = 0.477$，$\log_{10} 4 = 0.602, \cdots$ という値を目盛る．

　縦軸の等間隔になっている大きな区切れの目盛りを Y，横軸の目盛りを x とし，直線の傾きを a，切片を B，対数目盛りを y，対数目盛りの切片を b とすると等間隔の目盛り Y に関して直線式は $Y = ax + B$ となる．傾きは $a = (\log_{10} y_2 - \log_{10} y_1)/(x_2 - x_1)$ となる．$Y = \log_{10} y$，$B = \log_{10} b$ なので $\log_{10} y = ax + \log_{10} b$ より $y = b \times 10^{ax}$ となる．

　たとえば，$y = b e^{ax} = b \exp(ax)$ の関係があるときには $\log_{10} y = ax \log_{10} \mathrm{e} + \log_{10} b$ であるので，片対数グラフを使って表示すれば直線となって分かりやすくなる．片対数グラフでは (x, y) のプロットの代りに $(x, \log_{10} y)$ をプロットしているので，このときに $(x, \log_{10} y)$ について最小二乗法 (p.19) を適用すれば a と $\log_{10} b$ を求めることができる．

両対数グラフ　　横軸・縦軸ともに常用対数の目盛りを取ったグラフを両対数グラフという．

　片対数グラフと同様に考え，等間隔の目盛りを X, Y，傾きを a，切片を B とすると傾きは $a = (\log_{10} y_2 - \log_{10} y_1)/(\log_{10} x_2 - \log_{10} x_1)$ となる．

　直線式は $Y = aX + B$ であるので $\log_{10} y = a \log_{10} x + \log_{10} b$ となる．ゆえに $y = b x^a$ となる．

　両対数グラフでは (x, y) のプロットの代りに $(\log_{10} x, \log_{10} y)$ をプロットしていることになる．このときに $(\log_{10} x, \log_{10} y)$ について最小二乗法 (p.19) を適用すれば a と $\log_{10} b$ を求めることができる．

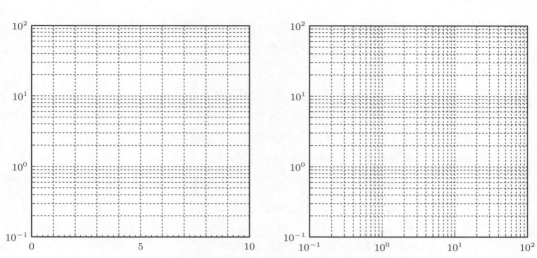

図 1.2 片対数グラフ (左) と両対数グラフ (右)

5 表の書き方

表を書く際の注意点を述べる．表 1.1 に表の例を示す．

1. 上部に表の通し番号と題名を書く．

   例： 表 1 電流と印加電圧の関係

2. 物理量の名称と単位を書く．

3. 罫線で囲む．

表 1.1 試料 A における印加電圧と流れている電流の関係

電圧 V [V]	電流 I [A]
1.01	0.954
2.13	1.90
3.09	2.88
4.02	3.83
4.98	4.68

6 文章を書くときの注意

学生のレポートによく見られる不適切な表現をいくつか挙げておく．レポートを書く際に気をつけること．

1. 「〜 できると思われる．〜 分かりやすくなると考えられる．」

   日本語の文章では若干曖昧に書く方が普通であるが，レポートでは曖昧な表現はよくない．上記の表現は非常に多くのレポートで見られるが，できるだけ使わないようにする．具体的には「と思われる」「と考えられる」という部分を消して断定表現にする．上記の場合にはなくてもいいことが分かるだろう．

2. 「理論値と実験値が近い値になったのでこの実験は正しい」

　　実験で得られた結果は事実であり，正しい，正しくないと論じること自体おかしい．また理論値が信頼できるとも限らない．この例では，実験の誤差・精度を考慮して，実験方法と結果，あるいは理論値の妥当性を論ずるべきである．

3.　「誤差は 0.01 [m] だったので<u>充分に小さい</u>と思われる」

　　実験結果の数値だけを見て，主観的に「大きい」「小さい」と言っても無意味である．実験では「～ と比較して大きい」のように客観的表現が求められる．

4.　「ソレノイドの磁界を測定すると<u>$B = aI$ の関係から</u>・・・」

　　いきなり $B = aI$ と書かれても，読者には B, a, I が何を意味するか分からない．この例のように<u>変数や定数を定義なしに使ってはいけない</u>．

5.　その他注意する点

　(a)　主語・述語や修飾関係に気をつけ明確な文章を書く．

　(b)　指示代名詞は具体的に何を指しているのかはっきり分かる場合のみ使う．

　(c)　必要以上に数式を書かない．実験レポートは，数学の試験ではないので式変形はどのようにしたか分かる程度にとどめる．

　(d)　実験で求める数値にはほとんど単位があるので必ず書くこと．単位は括弧で囲む．たとえば，「電圧 15 [V]」というように記述する．単位およびその表記法については p.86 付録 A.3 を参照のこと．

　(e)　第 2 章の「測定とデータの扱い方」でも説明するが，誤差を記述する場合，最確値と誤差の位を合わせる．また，誤差は，当該科目では原則として 1 桁とする．

　　(例) 最確値 5.012 [V]，誤差 0.33 [V] という結果が得られたとき，電圧 5.0 ± 0.3 [V] のように報告する．誤差が小数点以下第 1 位なので，最確値もそこまで書く．

第 2 章　測定とデータの扱い方

1　測定

　測定とはある物理的な量を基準と比較して数値で表す作業をいう．すなわち，それぞれの物理量には，それを定量的に表す基準として単位が制定されており，その物理量を単位の何倍であるという形に表現する．たとえば，長さの基準として 1 [m] が定められており，ある物体の長さがその 1.52 倍であるとして 1.52 [m] のように表す．

　このような測定には，測定量とそれの基準量を直接比較して測る方法があり，これを直接測定という．一方，物体の速度のように，ある時間幅とその間に移動した距離を別々に測定し，それらの値から計算によって測定値を得る方法もある．これを間接測定という．もし，速度計によって速度を直接に測定するのであれば，それは直接測定である．

2　測定の誤差と精度

　一般に測定する物理量には **真の値** (true value) が存在するが，通常，測定によってはこの真の値を求めることはできない．何らかの原因によって測定値は真の値から外れるものであり，測定値から真の値を引いたものを**誤差** (error) という．

　同じ人間が同じ装置または器具を用いて測定を繰り返しても，測定値は同じにならず，ばらつく．この**ばらつき** (dispersion) の度合いを**精度** (precision) ということで定性的に表し，ばらつきが少ない場合に精度が高いと表現する．こうしたばらつく測定値の平均と真の値との差を**偏り** (bias) といい，偏りの小ささを**正確度** (accuracy) という．精度が高い測定が必ずしも正確度が高いとは限らない．なお，こうした正確度が「高い」という表現は偏りの数値と傾向が逆であることから，最近では数量的に表す場合には，正確度に替えて「**不確かさ** (uncertainty)」という表現を用いるようになってきている．

　誤差にはある明確な原因によって生じるものがあり，これを**系統的誤差** (systematic error) という．系統的誤差は偏りの原因となる．系統的誤差には測定器の目盛りの狂いや増幅器のゼロ点のずれなどの機械誤差，測定者個人の癖による個人誤差，さらに測定値を計算する過程で起こる丸め誤差や桁落ちなどの計算誤差がある．これらの誤差の多くは原因が分かれば避けることができるし，また後で補正することもできる．

　原因が不明であるか，また原因が分かっていても偶然性を伴って生じる誤差もあり，これを偶然誤差という．偶然誤差はばらつきの原因となる．これには測定者の不注意や過失によるものの他，どうしても避けることのできないものもある．後者を必然的偶然誤差という．

　測定にあたっては，細心の注意を払って系統的誤差をなくすようにしなければならない．その

ためには，まず，測定原理を理解し，使用する機器の取扱説明書をよく読んで，そこに指示されている注意を守り，機器を正しく操作することが大切である．すべての測定器は少なくとも電源を入れて十分に時間をかけて熱的に安定するまで待って使用することや，制限を超える値の入力を加えないことなどは常識である．また，測定者の不注意や過失を完全に避けることはできないが，できるだけ注意を集中し，複数の測定者による相互チェックなどを行えば，こうした誤差を最小にすることができる．

　最後に残る必然的偶然誤差に関しては，以下の誤差論で理論的にその特徴が明らかにされている．測定値についての正しい処理法によりその影響を最小にすることが大切である．

3　間接測定における誤差

　目的とする量 Y がそれぞれ直接測定で得られる物理量 $x_1, x_2, \ldots, x_n$ の関数として

$$Y = F(x_1, x_2, \ldots, x_n) \tag{2.1}$$

の形で与えられているとする．$x_1, x_2, \ldots, x_n$ の直接測定における誤差をそれぞれ $\delta x_1, \delta x_2, \ldots, \delta x_n$ とすると，目的量の誤差は

$$\delta Y = \sum_{i=1}^{n} \frac{\partial F}{\partial x_i} \delta x_i \tag{2.2}$$

となる (p.21 補足 1 を参照)．ここで $\partial F / \partial x_i$ は関数 F の x_i に関する偏微分係数である．誤差 δx_i $(i = 1, 2, \ldots, n)$ は正負両方の値を取る可能性があるので，目的量の誤差の絶対値に対しては

$$|\delta Y| \leq \sum_{i=1}^{n} \left| \frac{\partial F}{\partial x_i} \delta x_i \right| \tag{2.3}$$

という不等式が成り立つ．または両辺を Y で割って

$$\left| \frac{\delta Y}{Y} \right| \leq \sum_{i=1}^{n} \left| \frac{\partial \ln F}{\partial x_i} \delta x_i \right| \tag{2.4}$$

となる (p.21 補足 2 を参照)．なお，$\ln x = \log_e x$ は自然対数である．ここで δY を**絶対誤差**，$\delta Y / Y$ を**相対誤差**と呼ぶ．

　具体的な例で説明すると，円柱の直径を x_1，高さを x_2 とすると，その体積は $Y = F(x_1, x_2) = (\pi/4)x_1^2 x_2$ なので

$$\delta Y = \frac{\partial F}{\partial x_1} \delta x_1 + \frac{\partial F}{\partial x_2} \delta x_2 = \frac{\pi}{2} x_1 x_2 \delta x_1 + \frac{\pi}{4} x_1^2 \delta x_2$$

となる．

例 1　ある長方形の板の縦と横の長さを測ったところ，縦 204 [mm]，横 356 [mm] であった．誤差の絶対値は縦が 0.8 [mm] 以下，横が 1.0 [mm] 以下であるとする．面積を Y，縦と横の長さをそれぞれ x_1，x_2 とすると，$F = x_1 x_2$ であることから

$$|\delta Y| \leq \left| \frac{\partial F}{\partial x_1} \delta x_1 \right| + \left| \frac{\partial F}{\partial x_2} \delta x_2 \right| = |x_2 \delta x_1| + |x_1 \delta x_2|$$

となり，$|\delta Y| \leq 488.8\,[\mathrm{mm}^2]$ という値が得られる．後述するように，誤差は通常 1 桁とするので，$|\delta Y| \leq 5 \times 10^2\,[\mathrm{mm}^2]$ となる．

例2　A を定数，$x_i\,(i=1,2,\ldots,n)$ を変数とし，$Y = A x_1^{m_1} x_2^{m_2} \ldots x_n^{m_n}$ で与えられる量の相対誤差を考える．(2.3) 式より

$$|\delta Y| \leq |A m_1 x_1^{m_1-1} x_2^{m_2} \ldots x_n^{m_n} \delta x_1| + |A m_2 x_1^{m_1} x_2^{m_2-1} \ldots x_n^{m_n} \delta x_2|$$
$$+ \cdots + |A m_n x_1^{m_1} x_2^{m_2} \ldots x_n^{m_n-1} \delta x_n|$$

となる．したがって，これを $|Y|$ で割って

$$\left|\frac{\delta Y}{Y}\right| \leq \left|\frac{A m_1 x_1^{m_1-1} x_2^{m_2} \ldots x_n^{m_n}}{A x_1^{m_1} x_2^{m_2} \ldots x_n^{m_n}} \delta x_1\right| + \left|\frac{A m_2 x_1^{m_1} x_2^{m_2-1} \ldots x_n^{m_n}}{A x_1^{m_1} x_2^{m_2} \ldots x_n^{m_n}} \delta x_2\right|$$
$$+ \cdots + \left|\frac{A m_n x_1^{m_1} x_2^{m_2} \ldots x_n^{m_n-1}}{A x_1^{m_1} x_2^{m_2} \ldots x_n^{m_n}} \delta x_n\right|$$
$$= \left|m_1 \frac{\delta x_1}{x_1}\right| + \left|m_2 \frac{\delta x_2}{x_2}\right| + \cdots + \left|m_n \frac{\delta x_n}{x_n}\right|$$

となる．なお，この結果は (2.4) 式からも得られる．すなわち，両辺の対数をとると

$$\ln Y = \ln A + m_1 \ln x_1 + m_2 \ln x_2 + \cdots + m_n \ln x_n$$

となるが，

$$\frac{\partial \ln Y}{\partial x_i} = \frac{m_i}{x_i} \quad (i=1,2,\ldots,n)$$

の関係があるので，上と同じ結果が得られる．

例3　円柱の重心を通り，円柱軸に垂直な軸の回りの慣性モーメントは，円柱の質量 M，直径 d，長さ l を用いて

$$Y = M\left(\frac{l^2}{12} + \frac{d^2}{16}\right)$$

で与えられる．M, d, l の誤差をそれぞれ δM, δd, δl とすると

$$\delta Y = \left(\frac{l^2}{12} + \frac{d^2}{16}\right)\delta M + \frac{Ml}{6}\delta l + \frac{Md}{8}\delta d$$

なので

$$\frac{\delta Y}{Y} = \frac{\delta M}{M} + \frac{8}{4+(3d^2/l^2)}\cdot\frac{\delta l}{l} + \frac{6}{3+(4l^2/d^2)}\cdot\frac{\delta d}{d}$$

となる．$l \simeq 100\,[\mathrm{mm}]$, $d \simeq 10\,[\mathrm{mm}]$ のとき

$$\frac{\delta Y}{Y} \simeq \frac{\delta M}{M} + 1.985\frac{\delta l}{l} + 0.015\frac{\delta d}{d}$$

となる．したがって，直径 d の測定誤差による慣性モーメントの誤差は長さ l の測定誤差によるものに比べて極めて小さいことがわかる．l の相対誤差を 0.1% で測定するとき，その影響は 0.2% 程度であり，したがって d の相対誤差を 10% 以下で精度よく測定してもあまり意味がないことになる．このように，間接測定の場合，量によって測定精度を選ぶべきである．

4　誤差の取り扱い

4.1　誤差の表記

　実験で得られる値 (測定値) には必ず誤差が含まれる．たとえば，測定値は $1956 \pm 4\,[\mathrm{mm}]$ のような形で表される．この例では，$1956\,[\mathrm{mm}]$ は真の値に最も近いと推定される値であり，これを**最確値** (most probable value) という．また $\pm 4\,[\mathrm{mm}]$ は推定された最確値の信頼度の範囲を表し，誤差の範囲という．つまり，真の値が $1952\,[\mathrm{mm}]$ と $1960\,[\mathrm{mm}]$ の間にある確率が高いことを示している．

4.2　有効数字

　以上のように測定値を数値で表すにあたって，たとえば $156\,[\mathrm{mm}]$ が $156.000\,[\mathrm{mm}]$ を意味するのではないということに注意しなければならない．$156.0\,[\mathrm{mm}]$ の場合，小数点以下 1 桁目の数値が明確ではないことを意味する．このように測定量を表すにあたって，位取りのための 0 を除いた，意味のある数値を**有効数字**という．$156.0\,[\mathrm{mm}]$ のように書かれた場合には，最後の 0 は意味をもち，その長さは $155.95\,[\mathrm{mm}]$ から $156.05\,[\mathrm{mm}]$ の間にあることを示している．

　このようなことから，有効数字が 3 桁の場合は 165000 のようには書かず，1.65×10^5 のように書く．また，0.00165 の場合は 1.65×10^{-3} のように書くのが普通である．

　有効数字の桁数は測定により決定されることに気をつけるべきである．たとえば最小目盛りが $1\,[\mathrm{mm}]$ である定規を使うときには，最小目盛りの $1/10$ まで読むために $0.1\,[\mathrm{mm}]$ が最小の桁になり，たとえば，$156.0\,[\mathrm{mm}]$ のような 4 桁の有効数字が得られる．しかし測定する対象が水面のように動くときには，有効数字の桁数は減少するだろう．同様に，デジタル機器で測定するときには 5 桁で表示されていても，ちらつく桁については有効数字の桁数には入れることができないので，3 桁や 2 桁の有効数字になることもある．

　測定量を最確値と誤差の範囲で表すときにも有効数字に注意しなければならない．たとえば，重力加速度を測定して

$$g = 9.821 \pm 0.02385\,[\mathrm{m/s^2}]$$

のように書くのは適切でない．基礎実験では誤差は有効数字 1 桁にまとめることにし

$$g = 9.82 \pm 0.02\,[\mathrm{m/s^2}]$$

のように書くことを原則とする．また，有効桁の最小値および誤差の値が 10 の桁以上の場合，次のように記述する．

$$g = (9.82 \pm 0.02) \times 10^3\,[\mathrm{mm/s^2}]$$

4.3　測定値の四則演算

　2 個以上の測定値の加減は最後の桁の数字に注意しなければならない．たとえば $x_1 = 23.44\,[\mathrm{mm}]$，$x_2 = 15.7\,[\mathrm{mm}]$ のとき

$$x_1 + x_2 = 23.4\,[\mathrm{mm}] + 15.7\,[\mathrm{mm}] = 39.1\,[\mathrm{mm}]$$

とする．これは小数点以下 2 桁目に誤差が含まれるからである．

次に，目的量が 2 つの直接測定量 x_1 と x_2 の積，$Y = x_1 x_2$ で与えられる場合を考える．$x_1 = 1.78$，$x_2 = 2.7$ の場合，直接代入して $Y = 4.806$ とするのではなく，x_2 の有効数字が 2 桁であることから，Y の有効数字も 2 桁しかなく，$Y = 4.8$ とするのが妥当である．以下，このことを証明してみよう．これらの有効数字は四捨五入で得られていることから，実際は

$$x_1 = 1.78 + 0.00y, \qquad x_2 = 2.7 + 0.0y$$

であり，y は $-5 < y < 5$ の数字である．x_2 の最後の桁の $0.0y$ を x_1 に掛けた値は $0.0y$ と見なされ，次に，x_2 の中の桁の 0.7 を x_1 に掛けた値は $1.246y$ と見なされる．そして，x_2 の一番上の桁の 2 を x_1 に掛けた値は $3.56y$ と見なされる．これらを以下のように加えると

$$
\begin{array}{r}
0.0y \\
1.246y \\
+)\ 3.56y \\
\hline
4.8y
\end{array}
$$

となる．ここで，具体的に数値で示された部分は確かなものであり，小数点下 2 桁目の 4 と 6 は合計して 10 となり，すぐ上の桁に繰り上げられている．こうして小数点下 2 桁目に不確かさが入ることが分かり，有効数字を 2 桁としたことが正しいことが示される．

以上のように，精度は，直接測定量の加減算では最も高い位の不確かさで決まり，積や商では最も精度の悪い測定量によって決まる．

4.4　丸め誤差と桁落ち

一つの数値をある桁で四捨五入することを丸めるという．たとえば，24.1 と 24.7 を 2 桁の数字に丸めると，それぞれ 24 と 25 になる．**丸め誤差** とは丸めることにより生じる誤差で，「丸めて計算した値」から「丸める前の値」を引いた値で定義される．

また，同程度の値の引き算があるとき，有効数字の桁数が少なくなる事があり，これを **桁落ち** という．桁落ちによって計算結果が誤差に埋もれてしまい，意味をなさなくなることがある．

丸め誤差と桁落ちを避けるためには，途中の計算における桁数を有効桁よりも大きくしておく方法がある．そして，最後の結果では有効桁を考慮した，正しい有効桁に戻す．

5　誤差の法則

5.1　正規分布

ここでは偶然誤差の分布を考えよう．一般に偶然誤差は多数の原因から生じる微小な誤差が集積したものであるが，ここでは話を簡単にするため，4 つの独立な原因があり，それぞれが $+\epsilon$ または $-\epsilon$ の誤差をもたらすものとし，正負の誤差をもたらす確率が等しく $1/2$ であるとする．その結果，全体としての誤差が -4ϵ から 4ϵ までの 16 通りの場合があり，その場合の数は

-4ϵ	-2ϵ	0	$+2\epsilon$	$+4\epsilon$
1	4	6	4	1

となり，絶対値が小さい集積誤差が生じる機会が多いことがわかる．これは簡単な二項分布とな

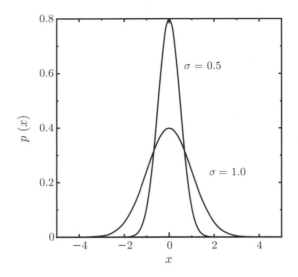

図 2.1 $\sigma = 0.5$, 1.0 の場合の正規分布

るが，原因の数が無数に多く，一つ一つの原因から生じる誤差が無限に小さい極限では，大きさが x と $x + \mathrm{d}x$ の間にある誤差が生じる確率は

$$p(x) = \frac{1}{\sqrt{2\pi}\sigma} \exp\left(-\frac{x^2}{2\sigma^2}\right) \tag{2.5}$$

で与えられる．ただし，$\exp(-x)$ は指数関数 e^{-x} を表す．この確率分布を**正規分布** (normal distribution) または**ガウス分布** (Gaussian distribution) といい，誤差分布が (2.5) 式に従うことをガウスの誤差法則という．前の係数 $1/\sqrt{2\pi}\sigma$ は全確率が 1 であるという規格化条件

$$\int_{-\infty}^{\infty} p(x)\,\mathrm{d}x = 1 \tag{2.6}$$

から決まる (p.21 補足 3 を参照)．いろいろな σ の値の場合の正規分布関数 $p(x)$ を図 2.1 に示す．この図から分かるように，定数 σ が小さくなるほど，分布はシャープになる．この σ を**標準偏差** (standard deviation) という．誤差が $|x| \leq \sigma$ となる確率は

$$\int_{-\sigma}^{\sigma} p(x)\,\mathrm{d}x = 0.6827$$

であり，誤差が $|x| \leq 3\sigma$ となる確率は

$$\int_{-3\sigma}^{3\sigma} p(x)\,\mathrm{d}x = 0.9973$$

となる．誤差の範囲を $|x| \leq k\sigma$ としたときの k を**包含係数** (coverage factor) という．

標準偏差 σ の代りに

$$\int_{-\epsilon}^{\epsilon} p(x)\,\mathrm{d}x = \frac{1}{2} \tag{2.7}$$

となるような ϵ が定義され，これを**確率誤差** (probability error) という．数値計算より

$$\epsilon = 0.6745\sigma \tag{2.8}$$

の関係が得られる．この確率誤差は生じる誤差が $\pm\epsilon$ の間にある確率が 50% となることを示している．

以下，ガウスの誤差法則に従う場合の特徴を調べてみよう．まず，ある量 (真の値を Z とする) を n 回測定して測定値 $M_i\,(i=1,2,\ldots,n)$ を得たとする．するとそれぞれの誤差は $x_i = M_i - Z\,(i=1,2,\ldots,n)$ となる．したがって，これらの誤差が同時に起こる確率は

$$P(x_1,x_2,\ldots,x_n) = \prod_{i=1}^{n} p(x_i) = \left(\frac{1}{\sqrt{2\pi}\sigma}\right)^n \exp\left[-\frac{1}{2\sigma^2}\sum_{i=1}^{n}(M_i-Z)^2\right] \tag{2.9}$$

で与えられる．したがって，Z の最も確からしい値，すなわち**最確値** Z_{m} はこの P を最大にする，すなわち

$$\sum_{i=1}^{n}(M_i-Z)^2 \tag{2.10}$$

を最小にする Z の値と考えることができる．これより，(2.10) 式を Z で微分して 0 と置き

$$Z_{\mathrm{m}} = \frac{1}{n}\sum_{i=1}^{n} M_i \tag{2.11}$$

を得る．すなわち，最確値は測定値の算術平均で与えられる．

5.2　各量の関係

1 回の測定の結果は無数にある仮想的な測定結果の集合 (これを**母集団** という) から 1 つの要素 (試料) を選択する作業であると見なせる．こうした母集団の平均値を**母平均** (population mean) という．複数回測定を行った場合は，母集団からその数の試料をランダムに抽出したものと考える．これをサンプリング，試料，標本などという．こうした有限回数の測定結果の平均値を**試料平均** (sample mean) といい，最確値に等しい．

母集団の最確値が a である場合の正規分布関数は，容易に示せるように (2.5) 式を用いて $p(x-a)$ で与えられる．その平均値は

$$\langle x \rangle = \int_{-\infty}^{\infty} x p(x-a)\,\mathrm{d}x = a \tag{2.12}$$

である．ここで $\langle\cdots\rangle$ は平均値を示す．

図 2.2 に上で述べた各量の相対的な関係を示す．測定値と真の値との差がすでに述べた誤差であるが，これは未知である．測定値と母平均の差を**偏差** (deviation)，測定値と試料平均の差を**残差** (residual) という．なお，この図から明らかなように，正しくは正規分布に従うのは誤差でなく，偏差である．

次に，測定の精度に関係して，そのばらつきの程度を表すものとして偏差の二乗平均を求めてみよう．母平均を a とすると，測定値 M に対して偏差は $M-a$ で与えられ，その二乗平均は

$$\int_{-\infty}^{\infty}(M-a)^2 p(M-a)\,\mathrm{d}M = \frac{1}{\sqrt{2\pi}\sigma}\int_{-\infty}^{\infty}(M-a)^2 \exp\left[-\frac{(M-a)^2}{2\sigma^2}\right]\mathrm{d}M$$

$$= \sigma^2 \tag{2.13}$$

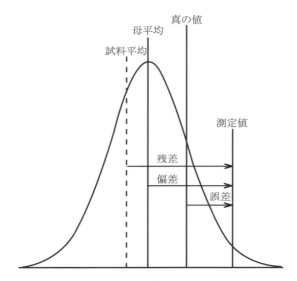

図 2.2　母集団の分布と各量の間の関係

となり (p.21 補足 4 を参照)，これを**母分散** (population variance) という．すなわち，母分散は標準偏差の 2 乗に等しい．測定結果の残差からこの母分散に対応した**試料分散**

$$\sigma_{\mathrm{s}}{}^2 = \frac{1}{n} \sum_{i=1}^{n} (M_i - Z_{\mathrm{m}})^2 \tag{2.14}$$

を定義する．また，**試料平均の標準偏差 (最確値の標準偏差)** を推定することができ，それは

$$\sigma_{\mathrm{m}} = \left[\frac{1}{n(n-1)} \sum_{i=1}^{n} (M_i - Z_{\mathrm{m}})^2 \right]^{1/2} = \frac{1}{(n-1)^{1/2}} \sigma_{\mathrm{s}} \tag{2.15}$$

で与えられる (p.21 補足 5 を参照)．σ_{m} は Z_{m} の標準偏差を表す．つまり σ_{m} は繰り返して測定した結果から得られた試料平均がどのくらいの分散を持っているかを示している．具体的には $Z_{\mathrm{m}} \pm \sigma_{\mathrm{m}}$ に試料平均は 68%の確度で入っていることがわかる．(2.15) 式から分かるように，σ_{m} は測定回数 n を増やすと小さくなり，分散が小さくなる．

このようにして，有限回数の測定結果について，(2.11) 式と (2.15) 式を用いて，最確値 ± 試料平均の標準偏差 $(29.1 \pm 0.3\,[\mathrm{mm}])$ のような形で報告する．

5.3　最確値と誤差伝播の法則

(2.1) 式で仮定したように，目的量 Y が直接測定で得られる物理量 $x_1, x_2, \ldots, x_n$ の関数として

$$Y = F(x_1, x_2, \ldots, x_n)$$

で与えられるとする．直接測定量 $x_1, x_2, \ldots, x_n$ の最確値 $Z_{1\mathrm{m}}, Z_{2\mathrm{m}}, \ldots, Z_{n\mathrm{m}}$ が求まっているとき，Y の最確値 Y_{m} と標準偏差 σ はそれぞれ

$$Y_{\mathrm{m}} = F(Z_{1\mathrm{m}}, Z_{2\mathrm{m}}, \ldots, Z_{n\mathrm{m}}) \tag{2.16}$$

$$\sigma^2 = \sum_{i=1}^{n} \left(\frac{\partial F}{\partial x_i} \right)^2 \sigma_i{}^2 \tag{2.17}$$

で与えられる (p.23 補足 6 を参照).　(2.17) 式の結果を**誤差伝播の法則**といい, 測定は右辺の各項の値がほぼ等しくなるように行うべきである.

例　単振子の振動によって重力加速度 g の測定を行うとき, 紐の長さを L, 振動周期を T とすると

$$g = \frac{4\pi^2 L}{T^2} = F(L, T)$$

である.　この場合, (2.17) 式の誤差伝播の法則は

$$\sigma_g{}^2 = \left(\frac{\partial F}{\partial L}\right)^2 \sigma_L{}^2 + \left(\frac{\partial F}{\partial T}\right)^2 \sigma_T{}^2$$

となる.　g, L, T にそれぞれの最確値 g_m, L_m, T_m を代入して整理すると

$$\left(\frac{\sigma_g}{g_\mathrm{m}}\right)^2 = \left(\frac{\sigma_L}{L_\mathrm{m}}\right)^2 + 4\left(\frac{\sigma_T}{T_\mathrm{m}}\right)^2$$

となる.　紐の長さよりも振動周期の方をより正確に測定する必要があることが知れる.

6　最小二乗法

ある物理量 x と y が定数 a と b をもつ 1 次式

$$y = ax + b \tag{2.18}$$

の関係式を満たしていると予想できる場合を考える.　ここで, n 個の測定値の組を (x_i, y_i) $(i = 1, 2, \ldots, n)$ とする.　この n 個の測定値から次の方程式

$$y_i = ax_i + b \tag{2.19}$$

における係数 a と b の最確値を求めることを考える.　$n \geq 3$ の場合にはこれらをすべて満たす a と b の解は存在しない.　したがって, それらの最確値を用いた場合, それぞれの測定値の組 (x_i, y_i) に対して測定の不確かさとして

$$y_i - ax_i - b = r_i \tag{2.20}$$

のようになり, これを**誤差方程式**という.　a と b の最確値は

$$S = \sum_{i=1}^{n} r_i{}^2 \tag{2.21}$$

を最小とするように決まる.　したがって, $\dfrac{\partial S}{\partial a} = 0$, $\dfrac{\partial S}{\partial b} = 0$ から,

$$\sum_{i=1}^{n} r_i \frac{\partial r_i}{\partial a} = 0 \longrightarrow \sum_{i=1}^{n}(y_i - ax_i - b)x_i = 0 \tag{2.22}$$

$$\sum_{i=1}^{n} r_i \frac{\partial r_i}{\partial b} = 0 \longrightarrow \sum_{i=1}^{n}(y_i - ax_i - b) = 0 \tag{2.23}$$

となる.　具体的に

$$[xx]a + [x]b = [xy] \tag{2.24}$$

$$[x]a + nb = [y] \tag{2.25}$$

となる．これを**正規方程式**という．ただし

$$[xy] = \sum_{i=1}^{n} x_i y_i$$

のような記号を用いた．これは容易に解くことができ

$$a = \frac{n[xy] - [x][y]}{n[xx] - [x]^2} \tag{2.26}$$

$$b = \frac{[xx][y] - [x][xy]}{n[xx] - [x]^2} \tag{2.27}$$

を得る．このように係数 a, b の最確値を求める方法を**最小二乗法**という．簡単な例として 1 次関数の場合について述べているが，予想される曲線などの関数にも近似させ，その関数の係数を求めることができる．

§ 補足

補足 1　　簡単のため，物理量 x_1 の誤差による影響のみを取り扱うことにする．x_1 が真の値 a をとるときの Y の値を $F(a)$ とすると，x_1 が微少量変化して $a + \delta x_1$ になったときの Y の値は δx_1 の 1 次のオーダーまでで

$$Y = F(a) + \left(\frac{\partial F}{\partial x_1}\right)_{x_1 = a} \delta x_1$$

となる．同様にして他の物理量が真の値から変化したときの Y の値も求まり，それらを総合して (2.2) 式が導かれる．

補足 2　　(2.2) 式を Y で割ると

$$\frac{\delta Y}{Y} = \sum_{i=1}^{n} \frac{1}{F} \cdot \frac{\partial F}{\partial x_i} \delta x_i$$

となるが，容易に示せるように

$$\frac{\partial \ln F}{\partial x_i} = \frac{1}{F} \cdot \frac{\partial F}{\partial x_i}$$

である．これから (2.4) 式が導かれる．

補足 3　　ここで (2.6) 式を 2 乗した値を計算してみよう．この値は

$$K = \left[\int_{-\infty}^{\infty} p(x) \,\mathrm{d}x\right]^2 = \frac{1}{2\pi\sigma^2} \int_{-\infty}^{\infty} \mathrm{d}x \int_{-\infty}^{\infty} \mathrm{d}y \exp\left[-\frac{(x^2 + y^2)}{2\sigma^2}\right]$$

と変形できる．ここで $x^2 + y^2 = r^2$ として直角座標系から 2 次元極座標系に変換すると，上式は

$$K = \frac{1}{2\pi\sigma^2} \int_{0}^{\infty} \exp\left(-\frac{r^2}{2\sigma^2}\right) 2\pi r \,\mathrm{d}r = \frac{1}{\sigma^2}\left[-\sigma^2 \exp\left(-\frac{r^2}{2\sigma^2}\right)\right]_{0}^{\infty} = 1$$

となる．よって (2.6) 式が証明される．

補足 4　　まず，この積分の値は $a = 0$ としても同じである．したがって，(2.13) 式は部分積分して

$$\frac{1}{\sqrt{2\pi}\sigma} \int_{-\infty}^{\infty} x^2 \exp\left(-\frac{x^2}{2\sigma^2}\right) \mathrm{d}x$$

$$= \frac{1}{\sqrt{2\pi}\sigma}\left[-\sigma^2 x \exp\left(-\frac{x^2}{2\sigma^2}\right)\right]_{-\infty}^{\infty} + \frac{\sigma}{\sqrt{2\pi}} \int_{-\infty}^{\infty} \exp\left(-\frac{x^2}{2\sigma^2}\right) \mathrm{d}x$$

となるが，右辺第 1 項は 0 であり，第 2 項の積分は (2.6) 式より $\sqrt{2\pi}\sigma$ を与える．よって (2.13) 式が証明された．

補足 5　　5.2 で述べたように，測定という作業は無数にある母集団から一つの結果を選択するということと見なせる．したがって，同じ測定を n 回繰り返して測定したときの結果の期待値は，母集団の中から n 個を選ぶという試みを多数回行ったときの平均で与えられると考えられる．ここで n 回の測定を 1 組とし，m 組の測定を行ったとする．その k 組目 $(k = 1, 2, \ldots, m)$ におけ

る i 回目の測定 $(i = 1, 2, \ldots, n)$ の誤差を δ_{ki} と表す. このとき k 組目における最確値 (試料平均) の誤差は

$$\delta_k = \frac{1}{n} \sum_{i=1}^{n} \delta_{ki}$$

であり, 最確値の二乗平均誤差は

$$\sigma_{\mathrm{m}}{}^2 = \frac{1}{m} \sum_{k=1}^{m} \delta_k{}^2$$

で与えられると考えられる. ここで

$$\delta_k{}^2 = \frac{1}{n^2} \sum_i \delta_{ki}{}^2 + \frac{1}{n^2} \sum_{i \neq j} \delta_{ki} \delta_{kj}$$

と書ける. ただし, 第 2 項は $i \neq j$ であるように i と j について和をとったものである. 誤差 δ_{ki} が正規分布に従うとすると, それらが正負の値をとる確率は等しいことから, この第 2 項は 0 になると期待される. したがって

$$\sigma_{\mathrm{m}}{}^2 = \frac{1}{mn^2} \sum_{k=1}^{m} \sum_{i=1}^{n} \delta_{ki}{}^2 = \frac{1}{mn^2} mn\sigma^2 = \frac{\sigma^2}{n}$$

となる. 途中, 1 組における測定の二乗誤差の期待値が σ^2 であることを用いた. すなわち, 当然であるが, 試料平均についての分布はばらつきが小さくなる.

次に, 残差の二乗平均を求めてみよう. 残差は

$$\rho_i = M_i - Z_{\mathrm{m}}$$

であり, $Z_{\mathrm{m}} - Z = \delta$ とすると,

$$\delta_i = M_i - Z = \rho_i + \delta$$

となる. よって

$$\sum_{i=1}^{n} \delta_i^2 = \sum_{i=1}^{n} \rho_i^2 + 2\delta \sum_{i=1}^{n} \rho_i + n\delta^2$$

であるが, 左辺は $n\sigma^2$ であり, 右辺の第 2 項の和はほぼ 0 になると期待される. また δ^2 は測定を多数回行ったときの平均値 $\sigma_{\mathrm{m}}^2 = \sigma^2/n$ と見てよい. これから

$$n\sigma^2 = \sum_{i=1}^{n} \rho_i^2 + \sigma^2$$

となる. すなわち

$$\sigma = \left(\frac{1}{n-1} \sum_{i=1}^{n} \rho_i^2 \right)^{1/2} \tag{2.28}$$

となり, 有限回数の測定の残差 ρ_i から母集団の分布の標準偏差が推定できる. (2.28) 式から分かるように, 測定回数 n が増えても n がある程度大きくなると母分散 σ は変わらない. たとえば, ある限られた数の身長のデータから (2.14) 式によりその限られた集団の標準偏差をきちんと求めることができるが, さらに (2.28) 式を用いることで, 母集団の身長の標準偏差を推定することができる.

また，この (2.28) 式の結果から (2.15) 式が導かれ，得られた試料平均の確からしさが推定できる．

補足6　(2.2) 式より

$$\delta Y^2 = \sum_i \left(\frac{\partial F}{\partial x_i}\right)^2 \delta x_i{}^2 + \sum_{i \neq j} \frac{\partial F}{\partial x_i} \cdot \frac{\partial F}{\partial x_j} \delta x_i \delta x_j$$

となる．第2項は $i \neq j$ であるように i と j について和をとったものである．それぞれの x_i について，多くの測定値 $x_{ik}(k = 1, 2, \ldots, m)$ をとったとし，それらの誤差に対する上式を辺々加算すれば

$$\sum_k \delta Y_k{}^2 = \sum_i \sum_k \left(\frac{\partial F}{\partial x_{ik}}\right)^2 \delta x_{ik}{}^2 + \sum_{i \neq j} \sum_k \frac{\partial F}{\partial x_{ik}} \cdot \frac{\partial F}{\partial x_{jk}} \delta x_{ik} \delta x_{jk}$$

となる．この右辺第2項はほぼ

$$\left(\frac{\partial F}{\partial x_i}\right)_{\mathrm{m}} \left(\frac{\partial F}{\partial x_j}\right)_{\mathrm{m}} \sum_{i \neq j} \sum_k \delta x_{ik} \delta x_{jk}$$

と書けるが，誤差が正負の値をとる確率は等しく，k についての和がほぼ 0 となる．よって，上式を m で割って

$$\delta Y^2 = \sum_i \left(\frac{\partial F}{\partial x_i}\right)^2 \delta x_i{}^2$$

となる．したがって

$$\sigma^2 = \sum_{i=1}^n \left(\frac{\partial F}{\partial x_i}\right)^2 \sigma_i{}^2$$

となり，(2.17) 式が得られる．

§ 参考書

[1]　一瀬正巳，『誤差論』(培風館)

[2]　中村清二，『物理実験法』(岩波全書)

[3]　小田幸康・大石和男，『物理実験入門』(裳華房)

[4]　電気学会通信教育会編，『測定値の統計的処理』(電気学会)

[5]　岡田恭栄，『多変量の統計』(共立出版)

[6]　J. R. Taylor, *An Introduction to Error Analysis* (Oxford Univ. Press, 1982)

[7]　眞島正市・磯部孝，『計測法通論』(東京大学出版会)

§問題

問題 1 (2.11) 式を (2.10) 式より導け.

問題 2 銅線に電流 I を流し，電圧 V を測定してこの銅線の電気抵抗 R を求めようとした. このとき熱起電力 V_0 のため，電圧は $V = RI + V_0$ となる. 流した電流を I_i，測定した電圧を $V_i \, (i = 1, 2, \ldots, n)$ として，最小二乗法により R と V_0 を求める式を導け.

問題 3 長方形板の寸法が縦 400.0 [mm]，横 500.0 [mm]，厚さ 10.0 [mm] であり，誤差が縦 ± 0.5 [mm]，横 ± 0.6 [mm]，厚さ ± 0.1 [mm] であるとする. この板の体積の相対誤差を求めよ.

問題 4 銅線の電気抵抗を測定して銅の比抵抗を求める. 銅線の直径を D，長さを L，電流を I，電位差を V とすれば，比抵抗は

$$\rho_{\mathrm{r}} = \frac{\pi V D^2}{4IL}$$

となる. ρ_{r} の相対誤差を求め，銅線の直径を他の量より高い精度で測定しなければいけない理由を考えよ.

問題 5 $x_1 = 200.01$, $x_2 = 1000$, $x_3 = 0.19994$ のとき，$Y = x_1 - x_2 x_3$ を以下の方針に沿って計算せよ. ただし，x_1 と x_3 は測定値，x_2 は確定値とする.

   (1) 丸めないで   (2) 4 桁に丸めて   (3) 3 桁に丸めて

問題 6 数値はすべて測定値で，有効数字を表しているとして，次式を計算せよ. 計算は筆算で行い，途中の計算結果も明示すること.

   (1) $152.3 + 6.478$ (2) 58.36×8.25 (3) $8.472 \div 22.6$

問題 7 針金の直径を測って表 2.1 のようなデータを得た. (2.11) 式から**最確値**を求め，また，(2.15) 式から**試料平均の標準偏差**を求めよ.

   注 ここでは数値計算を楽にするためにデータの数を少なくしている. 実際の実験の際にはもっと多い.

表 2.1 針金の直径

直径 [mm]
1.014
1.016
1.011
1.017
1.022

問題 8 重力加速度を測定するにあたり，おもりのついた紐の長さと振動周期をそれぞれ 5 回ずつ測定した. 表 2.2, 2.3 の測定値について，まず紐の**長さと振動周期**について解析を行い，**最確値**，**試料平均の標準偏差**を求めよ (p.18, 5.3 の**例**を参考にすること). これから (2.16), (2.17) 式

に基づき，**重力加速度の最確値**および**試料平均の標準偏差**を求めよ．また，以上の結果より，重力加速度の値を，誤差を含めて表せ (例：$9.82 \pm 0.02\,[\mathrm{m/s^2}]$).

注　途中の計算における誤差を軽減するために，円周率 π の数字の桁はできるだけ多くとれ．

表 2.2　紐の長さの測定結果

$L\,[\mathrm{mm}]$
1041
1042
1040
1041
1043

表 2.3　振動周期の測定結果

$T\,[\mathrm{s}]$
2.070
2.040
2.055
2.045
2.035

問題 9　問題 2 の結果を用いて表 2.4 の測定値より R と V_0 の**最確値**を求めよ．

注　桁落ちに注意して途中の計算において数字の桁はできるだけ多くとれ．

表 2.4　導線の電流電圧特性

電流 $I\,[\mathrm{mA}]$	電圧 $V\,[\mathrm{mV}]$
99.40	33.82
198.12	67.56
301.50	102.72
473.50	161.72

問題 10　表 2.5 は極低温 (温度 T) における銅の比熱 C の測定データである．$y = C/T$，$x = T^2$ を計算し，縦軸に y，横軸に x をとったグラフを**方眼紙に描け**．比熱を $C = \gamma T + AT^3$ と表したとき，これを x と y の関係として表し，γ と A の値を最小二乗法で決定せよ．

表 2.5　極低温域における銅の比熱

温度 $T\,[\mathrm{K}]$	比熱 $C\,[\mathrm{mJ/mol \cdot K}]$
4.12	6.017
3.88	5.702
3.80	5.148
3.67	4.914
3.52	4.710
3.33	4.021
3.16	3.820
3.01	3.391
2.85	3.083
2.45	2.479
2.24	2.106
2.01	1.760
1.73	1.396
1.36	1.042

問題 11　等間隔で目盛ってある方眼紙を用いて 1〜200 までの片対数グラフを作成せよ．1〜10 および 10〜100 の間隔は 100 [mm] とし，10〜100 の間を間隔 10 ごとに目盛れ．

問題12　問題11で作ったグラフに，表2.6のデータを書き入れ，xとyの関係を示せ．傾きはグラフから求めたものでよく，誤差処理は行わなくてよい．必ず$y = \cdots$と書くこと．$\log y = \cdots$は不可．

表2.6　ある材料の電圧電流特性

電圧 x [V]	電流 y [A]
0.45	3.02
1.00	5.02
1.50	7.96
1.75	10.0
2.50	20.0
2.95	30.2
3.50	50.2
4.00	79.6
5.00	200

問題13　下表の測定データを市販の両対数グラフに書き入れ，問題12と同様にxとyの関係を示せ．傾きはグラフから求めたものでよく，誤差処理は行わなくてよい．必ず$y = \cdots$という形で示すこと．

表2.7　時間と距離の関係

x [s]	y [m]
1.0	4.90
2.0	19.6
3.0	44.1
4.0	78.4
5.0	122.5
10.0	490

実験 1

フィジカルコンピューティングの基礎

1　はじめに

　フィジカルコンピューティングとは，コンピュータにセンサーやスピーカーなどのさまざまな入出力デバイスをつなぎ，コンピュータ上で制御することにより，人間と情報をやりとりできるシステムをつくることである．フィジカルコンピューティングは，電化製品や携帯電話，ゲームなど広く利用されている組込みシステムの簡単なものとも言える．この実習では，LED やスピーカーなどの出力を制御したり，光センサーや温度センサーからのデータを取得したりするシステムを，電子工作とマイコンのプログラミングを行い作製する．フィジカルコンピューティングを通して，ハードウェアとソフトウェアの基本的な関係を理解する．
(https://www.iizuka.kyutech.ac.jp/faculty/physicalcomputing/)

2　Arduino の基礎知識 (1 週目)

　本実習では，マイコンボードとして Arduino (アルドゥイーノ) を用いる[1]．このボードは，USB ケーブルでコンピュータ (PC) とつなぐことができ，試行錯誤しながらシステムを構築するのが容易である．プログラム (Arduino ではスケッチという) には，C 言語とよく似た言語を使う．また，アナログ入出力やシリアル通信も容易にできる．

2.1　Arduino (ハードウェア) の構成

　Arduino の 1 つ Arduino Uno R3 ボードは，ATmega328P をプロセッサとして採用している．PC との通信と給電のための USB B コネクタ，外部電源と接続する電源コネクタ，電子回路と接続するための電源ピン，アナログピン，デジタルピンなどから構成されている (図 1.1，表 1.1)．

2.2　Arduino IDE とプログラムの転送およびシリアル通信

　Arduino のソフトウェアは，統合開発環境 (IDE : Integrated Development Environment) と呼ばれ，PC 上で動作する．プログラム (スケッチ) は，IDE で作成する (図 1.2)．スケッチは，コンパイル後，USB ケーブルを利用して転送する．Arduino ボードと PC の間のシリアル通信により，Arduino がセンサーから取得したデータなどをシリアルモニタに表示できる．ここでは，まず，Arduino を動作させて，PC と簡単なシリアル通信を行い，「Kyutech」という文字をシリアルモニタに表示する．

---

[1] https://www.arduino.cc/

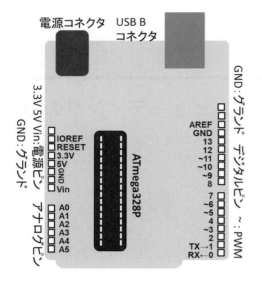

図 **1.1**　Arduino Uno R3 の概略図

表 **1.1**　Arduino Uno R3 の主なピン

端子名	機能
3.3 V	3.3 [V] 出力電源
5 V	5 [V] 出力電源
GND	グランド
Vin	外部電源出力
A0〜A5	アナログ入力
2〜13	デジタル入出力 (〜付は PWM)
TX→1	デジタル入出力 (シリアル通信)
RX←0	デジタル入出力 (シリアル通信)

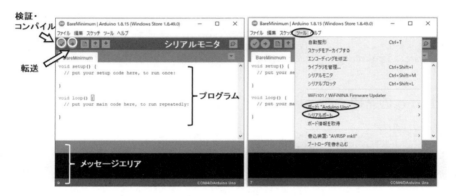

図 **1.2**　Arduino IDE の画面

①　Arduino IDE のダウンロードとインストール

実習が始まるまでに，`https://www.arduino.cc/`にアクセスして，各自自分の PC に Arduino IDE をダウンロード・インストールしておく．

②　プログラム

Arduino IDE を起動し，スケッチ1を入力する．Serial.begin で，指定されたスピードでシリアル通信を始める．ここでは，Serial.begin (9600) とする．

スケッチ **1**　「Kyutech」のシリアルモニタへの表示

```
1  void setup () {
2    Serial.begin (9600);         // シリアル通信の初期化
3  }
4
5  void loop() {
6    Serial.println("Kyutech");    // Kyutech とシリアルモニタに印刷
7    delay(1000);                  // 1000[ms]待つ
8  }
```

次に「スケッチ」メニューから,「検証・コンパイル」を選択,または画面左上の「✓」マークをクリックする.下方のメッセージエリアに「コンパイル終了」と表示されれば,プログラムに文法上の問題はない.「コンパイル時にエラーが発生しました」と表示されれば,修正する.

③ **Arduino の設定**

PC と Arduino ボードを USB ケーブルで接続する (USB ケーブルは,Arduino ボードへの給電も行う)(図 1.3).Arduino IDE の「ツール」メニューの「マイコンボード」を選択し,「Arduino Uno」を選択する.続いて「ツール」メニューの「シリアルポート」を選択し,「COM3」などの割り当てられたシリアルポートを選択する (PC によって割り当てられるシリアルポート番号は異なる).

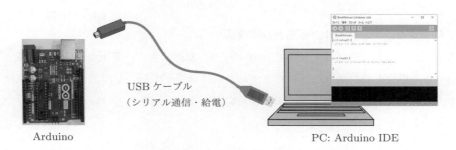

図 1.3　Arduino と PC の接続

④ **プログラムの転送**

Arduino IDE の画面左上の「→」マークをクリックする.「マイコンボードへの書き込みが完了しました」と表示されれば,プログラムは正常に転送されている.

⑤ **シリアルモニタ**

Arduino IDE の画面右上の「シリアルモニタ」マークをクリックすると,シリアルモニタが開く.「Kyutech」が 1 秒おきに表示されていけば,プログラムは正常に動作している.

3　LED 出力の制御 (1 週目)

LED (発光ダイオード) は,一方向にしか電流を流さない半導体素子で,アノードからカソードに向けて電圧を加えた場合に電流が流れて発光する (図 1.4).アノード側は長く,カソード側は短い.

図 1.4　LED (発光ダイオード)

3.1 LED の点滅

Arduino IDE のスケッチにより，回路上の LED を点滅させる．

① 回路

図 1.5 の回路図に基づいて，回路をブレッドボード上に作製する (ブレッドボードについては，p.44 付録 1 を参照)．LED には極性があるので +，− を間違わないように接続する (短い端子を − 側，長い端子を + 側に接続する)．LED を接続する場合は，過大な電流によって破損することを防ぐため，必ず電流抑制用の抵抗を直列に接続する．

② プログラム

PC 上で Arduino IDE を起動し，スケッチ 2 を入力する．

図 1.5 回路図：LED の接続

③ プログラムのコンパイルと転送と動作確認

スケッチ 2 をコンパイルし，Arduino ボードへ転送し，ボード上の LED が点滅するのを確認する．動作しない場合は，プログラムや回路を修正する．どのような周期で点滅していたか，それは妥当な周期か，その周期は何によって生み出されているか，などについて，結果あるいは考察の中で説明する．

スケッチ 2 LED の点滅

```
1  int ledPin = 13;      // LED をデジタルピン 13 に接続
2
3  void setup(){
4    pinMode (ledPin, OUTPUT);   // LED 用に出力に設定
5  }
6
7  void loop(){
8    digitalWrite(ledPin, HIGH);   // LED をオンに
9    delay(1000);      // 1000[ms]待つ
10   digitalWrite(ledPin, LOW);   // LED をオフに
11   delay(1000);      // 1000[ms]待つ
12 }
```

3.2 PWM による LED の明るさ調節

PWM (Pulse Width Modulation，パルス幅変調) の原理を理解する．Arduino は，厳密にはアナログ出力はできないが，PWM を用いて，アナログ出力の代用となりうるような出力が可能である．PWM では，0 [V] と 5 [V] の電圧を高速で切り替え，単位時間当たりの 0 [V] と 5 [V] の比を調節することで，仮想的に電圧を 0〜5 [V] の間で変化させることができる (図 1.6)．たとえば，高い電圧の出力では，5 [V] の電圧の時間の割合を長く，0 [V] の電圧の時間の割合を短くしている．一方，低い電圧では，5 [V] の時間の割合を短く，0 [V] の時間の割合を長くしている．

3.2.1 点滅時間の制御による LED の明るさ調節

一定の時間比で点灯と消灯を高速で切り替えるスケッチを作成して，LED の明るさを調節する．

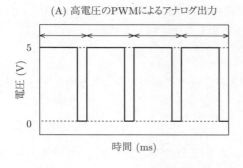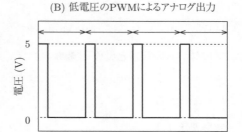

(A) 高電圧のPWMによるアナログ出力　　(B) 低電圧のPWMによるアナログ出力

図 1.6　PWM によるアナログ出力

① **回路**

図 1.5 の回路を利用する.

② **プログラム**

Arduino IDE で, スケッチ 3 を入力する. ただし, 2 行目の x の位置には, 0 から 10 のいずれかの整数値を記入する.

③ **プログラムの転送と動作確認**

x の位置の整数値を色々と変えたスケッチ 3 を Arduino ボードへ転送し, ON と OFF の時間の比で LED の明るさを変えられることを確認する.

スケッチ 3　点滅時間の制御による LED の明るさ調節

```
1  int ledPin = 13;     // LED をデジタルピン 13 に接続
2  int i = x;      // 変数 i の宣言
3
4  void setup() {
5    pinMode(ledPin, OUTPUT);  // LED 用に出力に設定
6  }
7
8  void loop() {
9    digitalWrite (ledPin, HIGH);  // LED をオンに
10   delay(i);     // i[ms]待つ
11   digitalWrite(ledPin, LOW);  // LED をオフに
12   delay(10 - i);   // 10 - i[ms]待つ
13 }
```

3.2.2　PWM による LED の明るさ調節

PWM により LED の明るさを調節する.

① **回路**

図 1.5 の回路に準じる. ただし, Arduino 側のピンは, " ～ " の付いている番号のPWM出力用デジタルピンを使う. 本実験では, デジタルピン 11 を用いる. レポートの回路図には, 使用したピン番号も記入する.

② **プログラム**

Arduino IDE で, スケッチ 4 を入力する. PWM による LED の明るさの制御を analogWrite

関数により実施する．for 文を用いて，明るさを徐々に変更する．analogWrite 関数の出力先として指定する場合には，pinMode 関数により出力用に設定する必要はない．

③　プログラムの転送と動作確認

スケッチ 4 を Arduino ボードへ転送し，LED が段々と明るくなったり暗くなったりすることを確認する．

④　考察課題 1-1

電圧の大小ではなく，ON と OFF の時間の比で LED の明るさを変えられる仕組みを調べて，3.2.1 と 3.2.2 の結果を説明する．

スケッチ 4　PWM による LED の明るさ調節

```
1  int ledPin = 11; // LED をデジタルピン 11に接続
2  int i = 0; // 変数i の宣言
3
4  void setup() {
5                          // 設定しない
6  }
7
8  void loop() {
9    for ( i = 0; i <= 255; i ++) { // 出力を 0から 255まで 1ずつ増加
10     analogWrite(ledPin, i); // LED を出力i に
11     delay(10); // 10[ms]待つ
12   }
13   for ( i = 255; i >= 0; i --) { // 出力を 255からまで 1ずつ減少
14     analogWrite(ledPin, i); // LED を出力i に
15     delay(10); // 10[ms]待つ
16   }
17 }
```

3.3　回路による LED の制御

回路上に設置した可変抵抗とタクトスイッチにより，LED の明るさと点灯が制御できるシステムを作製する．

3.3.1　可変抵抗による LED の明るさの調節

可変抵抗 (半固定抵抗 VR) は，ツマミを回して抵抗値を調整することができる素子である (図1.7)．端子 1–3 間の抵抗値は固定であり，端子 1–3 間の抵抗を切り分けるような位置づけとなる端子 2 の位置を移動させることで，端子 1–2 間と端子 2–3 間の抵抗値の比を変化させる仕組みとなっている．

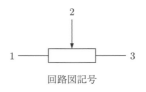

ツマミ側から見た図　　ピン側から見た図　　回路図記号

図 1.7　可変抵抗

可変抵抗により調節された電圧をアナログ入力 (analogRead) として読み取り，その値をシリアルモニタに表示する (Serial.println) とともに，LED を値に応じた明るさで光らせる (アナログ出力 analogWrite) システムを作る．ここでは，アナログ信号として入力された可変抵抗の電圧値は，Arduino 上でデジタル値に変換されている (AD 変換)．Arduino では，信号の入出力や回路上でのスイッチの ON，OFF などの知りたい情報がある場合に，文字列化したものをシリアル通信を介して PC 上のシリアルモニタに送り，表示させるという方法を取ることができる．

① **回路**

図 1.8 の回路図に基づいて，回路をブレッドボード上に作製する．可変抵抗の端子 2 のツマミを回すことで抵抗値を調節できる．

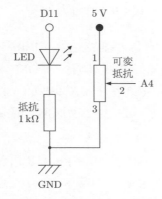

図 1.8　回路図：可変抵抗による LED 点灯制御

② **プログラム**

Arduino IDE で，スケッチ 5 を入力する．

③ **プログラムの転送と動作確認**

スケッチ 5 を Arduino ボードへ転送する．可変抵抗のツマミを回すことで抵抗値が調節できていることをシリアルモニタで確認する．そのシリアルモニタに表示される値に応じて LED の明るさが変えられることを確認する．

スケッチ 5　可変抵抗による LED の明るさの調節

```
1  int sensorPin = 4; // 可変抵抗をアナログピン4に接続
2  int ledPin = 11; // LED をデジタルピン11に接続
3  int aIn, aOut; // 変数aIn, aOut の宣言
4
5  void setup() {
6    Serial.begin(9600); // シリアル通信の初期化
7  }
8
9  void loop() {
10   aIn = analogRead(sensorPin); // aIn にアナログ入力(0～1023)を格納
11   Serial.println(aIn); // aIn をシリアルモニタ(PC)に転送
12   aOut = aIn/4; // analogWrite で指定できる 0～255 に換算
13   analogWrite(ledPin, aOut); // LED を出力 aOut に
14   delay(100); // 100[ms]待つ
15 }
```

3.3.2　スイッチによる LED 点灯の制御

　　タクトスイッチは，ボタンを押すことにより回路を接続させ，離すと回路が遮断される手動スイッチである (図 1.9)．端子 1 と 2，端子 3 と 4 は，常につながっている．ボタンを押すと，すべてつながる．

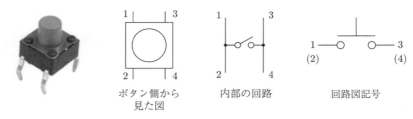

ボタン側から
見た図　　　　　　内部の回路　　　　　　回路図記号

図 1.9　タクトスイッチ

　　スイッチによる LED 点灯制御のための回路をブレッドボード上に作製する．このシステムでは，スイッチを ON にしているとき，LED が点灯し，OFF のときは消えている．スイッチの ON/OFF をデジタル入力 (digitalRead) として読み取る (p.47 付録 2，6 デジタル入出力③参照)．その入力に応じて LED を明滅させる (デジタル出力 digitalWrite)．

①　回路

　　図 1.10 の回路図に基づいて，回路をブレッドボード上に作製する．ボタンを押すと，端子 1 (または 3) と 2 (または 4) と接続する．タクトスイッチは，ON で通電する方向に注意して設置する．また，スイッチが OFF のときに入力端子がどこにもつながっていない状態になると，周囲の雑音の影響で入力端子の電位が不安定になる (つまり，どこにもつながっていないのに 0 [V] にならない)．これを防ぐために，プルダウン抵抗を設置する．

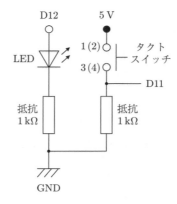

図 1.10　回路図：スイッチによる LED 点灯制御

②　プログラム

　　Arduino IDE で，スケッチ 6 を入力する．

③　プログラムの転送と動作確認

　　スケッチ 6 を Arduino ボードへ転送する．スイッチの ON/OFF をシリアルモニタで確認し，ON のとき，LED が点灯し，OFF のとき，消灯することを確認する．

スケッチ 6 スイッチによる LED の点灯制御

```
1  int ledPin = 12; // LED をデジタルピン 12 に接続
2  int swPin = 11; // スイッチをデジタルピン 11に接続
3  int v = 0; // 変数v を宣言
4
5  void setup() {
6    Serial.begin(9600); // シリアル通信の初期化
7    pinMode (ledPin, OUTPUT); // LED 用に出力に設定
8    pinMode (swPin, INPUT); // スイッチ用に入力に設定
9  }
10
11 void loop () {
12   v = digitalRead(swPin); // v にスイッチからの入力を格納
13   Serial.println(v); // v をシリアルモニタ(PC)に転送
14   digitalWrite(ledPin, v); // LED の出力を v に変更
15 }
```

3.4 課題 (1 週目)

下記の 2 つの課題について，回路図，プログラムと動作状況の説明をレポートとして提出する．

課題 1-1 図 1.5 相当の回路 3 つを Arduino につないだ回路を作製する．この回路を用いて，3 つの LED が，①同時に点灯・消灯を繰り返すスケッチと②1 つずつ点灯・消灯を繰り返すスケッチをそれぞれ作成し，動作確認する．

課題 1-2 図 1.10 の回路をそのまま使って，スケッチ 6 と点灯/消灯が逆になるように，スケッチを作成し，動作確認する．つまり，スイッチを ON にすると LED が消灯し，OFF にすると点灯するようにする．

4 複雑な出力制御 (2 週目)

4.1 フルカラー LED の点灯

フルカラー LED は，1 つの素子に，赤 (Red)，緑 (Green)，青 (Blue) の 3 つの LED が内蔵されていて，それぞれの色の明るさを変えることでさまざまな色で発光させることができる (図 1.11)．フルカラー LED を制御して，色の変化するイルミネーションを作製する．

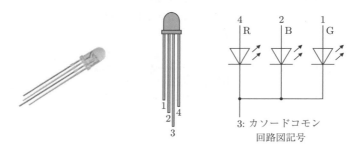

図 1.11 フルカラー LED

表 1.2 フルカラー LED の端子と発光

	R (Red)	G (Green)	B (Blue)
赤	255	0	0
緑	0	255	0
青	0	0	255
黄色	255	255	0
マゼンタ	255	0	255
シアン	0	255	255
白	255	255	255
消灯	0	0	0

① **回路**

図 1.12 の回路図に基づいて，フルカラー LED を接続した回路を作製する．本実習で使用するフルカラー LED はカソードコモン (− 側が共通) となっている．フルカラー LED の R，G，B の 3 つの端子は，それぞれに電流抑制用の抵抗を挟んで，Arduino の PWM の端子につなぐ．

② **プログラム**

Arduino IDE で，スケッチ 7 を入力する．表 1.2 のうち，いくつかの色で点灯させるように，3 色の端子のアナログ出力を analogWrite 関数で制御する．スケッチ 7 では，緑，黄，マゼンタを 1 秒おきに点灯させる動作を繰り返すものとなっている．

③ **プログラムの転送と動作確認**

スケッチ 7 を Arduino ボードへ転送する．フルカラー LED が，analogWrite 関数の入力値に応じた色で光ることを確認する．

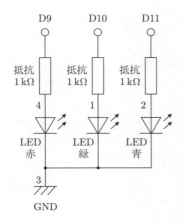

図 1.11 と図 1.12 の端子の並びが
異なっていることに注意して回路
を作製する.

図 1.12　回路図：フルカラー LED と Arduino の接続

スケッチ 7　フルカラー LED の点灯

```
1  int ledPinR = 9;     // LED（R）をデジタルピン 9に接続
2  int ledPinG = 10;    // LED（G）をデジタルピン 10に接続
3  int ledPinB = 11;    // LED（B）をデジタルピン 11に接続
4
5  void setup() {
6                       // 設定しない
7  }
8
9  void loop(){
10   analogWrite (ledPinR, 0);   // LED（R）を出力 0に
11   analogWrite (ledPinG, 255);  // LED（G）を出力 255に
12   analogWrite (ledPinB, 0);   // LED（B）を出力 0に
13   delay (1000);    // 1000[ms]待つ
14   analogWrite (ledPinR, 255);  // LED（R）を出力 255に
15   analogWrite (ledPinG, 255);  // LED（G）を出力 255に
16   analogWrite (ledPinB, 0);   // LED（B）を出力 0に
17   delay (1000);    // 1000[ms]待つ
18   analogWrite (ledPinR, 255);  // LED（R）を出力 255に
19   analogWrite (ledPinG, 0);   // LED（G）を出力 0に
20   analogWrite (ledPinB, 255);  // LED（B）を出力 255に
21   delay (1000);    // 1000[ms]待つ
22   }
```

4.2　圧電スピーカーによる出力

　圧電スピーカー (圧電ブザー) は薄板の圧電振動板 (セラミックスなど) に金属板 (黄銅やニッケルなど) を接着したものである (図 1.13). ON と OFF を繰り返す信号を入力すると圧電振動板が伸縮を繰り返し，屈曲振動を生じることで，音波が発生する.

　圧電スピーカーによる発音を制御する. 本実験では，デジタル出力 (digitalWrite) により，さまざまな周期を持つ矩形波の音色を出力する. さらに，tone 関数を用いて，周波数を設定した音色を出力する.

図 1.13　圧電スピーカー

① **回路図**

図 1.14 の回路図に基づいて，回路をブレッドボード上に作製する．

図 1.14　回路図：圧電スピーカーと Arduino の接続

② **プログラム**

デジタル出力 (digitalWrite) の時間間隔を，[μs] 単位で制御すること (delayMicroseconds) で，周期の異なる矩形波の音を出力する．スケッチ 8 は，周期 426 [μs] の音 (レ) を出力する．

表 1.3　十二平均律

	ド	レ	ミ	ファ	ソ	ラ	シ	ド
周期 (μs)	478	426	379	358	319	284	253	239
周波数 (Hz)	2093	2349	2637	2794	3136	3520	3951	4186

③ **プログラムの転送と動作確認**

スケッチ 8 を Arduino ボードへ転送する．圧電スピーカーから，周期に応じた音が発生していることを確認する．

スケッチ 8　周期 426 [μs] の音 (レの音階) の出力

```
1  int spPin = 11;     // スピーカーをデジタルピン 11に接続
2  int i = 213;     // 変数vを宣言　レ：426 ÷ 2 = 213
3
4  void setup () {
5    pinMode (spPin, OUTPUT); // スピーカー用に出力に設定
6  }
7
8  void loop(){
9    digitalWrite(spPin, HIGH); // スピーカーの出力をオンに
10   delayMicroseconds(i); // i[μs]待つ
11   digitalWrite(spPin, LOW); // スピーカーの出力をオフに
12   delayMicroseconds(i); // i[μs]待つ
13   }
```

④　**tone 関数を用いたプログラム**

　　tone 関数を用いて，十二平均律を発音させるスケッチを作成する．(スケッチ 9 は，周波数 2349 [Hz] の音 (レ) を鳴らす．)

スケッチ 9　tone 関数による周波数 2349 [Hz] の音 (レの音階) の出力

```
1  int spPin = 11;      // スピーカーをデジタルピン 11に接続
2
3  void setup () {
4    pinMode (spPin, OUTPUT);   // スピーカー用に出力に設定
5  }
6
7  void loop(){
8    tone (spPin, 2349); // 2349[Hz]の音を出力
9    delay(500); // 500[ms]間待つ
10   }
```

⑤　**プログラムの転送と動作確認**

　　スケッチ 9 を Arduino ボードへ転送する．圧電スピーカーから，周波数に応じた音が発生していることを確認する．スケッチ 8 とスケッチ 9 で音を比較してみるとよい．

4.3　課題 (2 週目)

　　下記の 2 つの課題について，回路図，プログラムと動作状況の説明をレポートとして提出する．

課題 2-1　3 色の端子のアナログ出力を analogWrite 関数で制御して，フルカラー LED の色が連続的に変化 (中間色を経由しつつ緩やかに推移) するスケッチを，for 文を用いて作成し，実行する．(色の変化を視認できるように，速度を調整する．)

課題 2-2　圧電スピーカーでドレミファソラシドを鳴らすスケッチを作成し，実行する．(各音を確認できるように，鳴らす時間を調整する．)

5　センサーからのデータ取得 (2 週目)

5.1　フォトレジスターによる明るさの感知

　　フォトレジスター (硫化カドミウム (CdS) セル) は，明るいと抵抗が下がるので光センサーとして使用できる (図 1.15)．CdS セルを用いて明るさを調べ，その情報をシリアル出力するためのシステムを作製する．ここでは，CdS セルの抵抗値の変化を電圧値の変化として，捉えることとする．アナログ信号として入力された電圧値は，Arduino 上で analogRead 関数によりデジタル値として読み取ることができる (AD 変換)．値はシリアル通信 (Serial.println) により，シリアルモニタに表示される．

図 1.15　フォトレジスター (硫化カドミウム (CdS) セル)

① 回路

　図 1.16 の回路図に基づいて，回路をブレッドボード上に作製する．フォトレジスターの抵抗値の変化を電圧値として取り込むために，分圧抵抗を設置する．

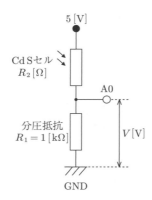

図 1.16　回路図：フォトレジスターによる光信号の出力

② プログラム

　Arduino IDE でスケッチ 10 を入力する．

③ プログラムの転送と動作確認

　スケッチ 10 を Arduino ボードへ転送する．シリアルモニタを立ち上げて，センサーの電圧値が適切に表示されているか確認する．(光を遮る，照明を当てるなどして，センサー部分の明るさを変化させて，シリアル出力値が変化するかどうかを見る．)

スケッチ 10　センサーからのデータ取得

```
1  int v;        // 読み取った値を保持する変数
2  int sensorPin = 0;    // センサーをアナログピン 0に接続
3
4  void setup() {
5    Serial.begin(9600);    // シリアル通信の初期化
6  }
7
8  void loop() {
9    v = analogRead(sensorPin);  // アナログピンを読み取る
10   Serial.println(v);    // 文字列のシリアルモニタへの印字
11   delay(500);    // 500[ms]待つ
12 }
```

④ **CdS セルの抵抗値の計算**

Arduino のアナログ入力 (analogRead 関数) では，$0\,[\mathrm{V}]$ から $5\,[\mathrm{V}]$ の電圧を $10\,[\mathrm{bit}]$ の分解能で読み取る．すなわち，0 から 1023 までの値に変換する．したがって，アナログ入力の値 x は，式 (1.1) で電圧 $V\,[\mathrm{V}]$ に変換できる．

$$V\,[\mathrm{V}] = \frac{x}{1023} \times 5 \tag{1.1}$$

図 1.16 のように抵抗 R_1 (抵抗値 $R_1 = 1\,[\mathrm{k\Omega}]$) と CdS セルを直列に接続した場合，アナログ入力 A0 では抵抗 R_1 に生じる電圧 V を測定することになる (実験 2 参照)．CdS セルの抵抗値を $R_2\,[\Omega]$ とすると，この電圧 $V\,[\mathrm{V}]$ は，式 (1.2) で表される．

$$V\,[\mathrm{V}] = \frac{1000}{1000 + R_2} \times 5 \tag{1.2}$$

式 (1.1) と式 (1.2) より，CdS セルの抵抗の値 $R_2\,[\Omega]$ が計算できる (式 (1.3))．

$$R_2\,[\Omega] = \frac{1000 \times (1023 - x)}{x} \tag{1.3}$$

5.2 温度センサーによる温度感知

集積回路素子である温度センサー LM35DZ は，半導体の温度特性を利用したセンサーで，温度変化に依って電圧が変化する (図 1.17)．電圧は摂氏温度と正比例する．LM35DZ を用いた温度測定システムを作製する．CdS セルからのデータ取得と同様に，センサーからのアナログ信号は，analogRead 関数によりデジタル値に変換され，値はシリアル通信により，シリアルモニタに表示される．LM35DZ は，図 1.18 のような回路で使用するとき，$2\sim100\,[\text{℃}]$ の温度範囲で $10\,[\mathrm{mV/℃}]$ の温度係数で応答する．

ピン側から見た図

図 1.17 温度センサー LM35DZ

① **回路**

図 1.18 の回路図に基づいて，回路をブレッドボード上に作製する．対象物へセンサーを接触しやすくするため，LM35DZ はソケット付きコネクタケーブル (図 1.19) を介してブレッドボードに接続する．正確に接続する．接続を誤ると，発熱することがあり危険である．

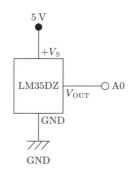

5 V

$+V_\text{S}$

LM35DZ

V_OUT ○ A0

GND

GND

図 1.18　回路図：温度センサーと Arduino の接続

図 1.19　ソケット付きコネクタケーブル

② **プログラム**

スケッチ 10 を用いる.

③ **プログラムの転送と動作確認**

スケッチ 10 を Arduino ボードへ転送し，シリアルモニタを立ち上げて，表示されている値が，温度に応じて変化するか確認する．(たとえば，センサーを指で触って温めるなどして，温度が上昇するとシリアル出力値が増加することを確認する．)

5.3　課題 (2 週目)

課題 2-3 は，回路図とプログラムに加えて，測定値を基に計算した結果をレポートとして提出する．課題 2-4 は，回路図，プログラムと動作状況の説明 (市販温度計との比較など) をレポートとして提出する．

課題 2-3　5.1 ④ の手順に従って，照明を照らすなどした明るい状態とキャップを被せるなどした暗い状態について，CdS セルの抵抗値 ($[\Omega]$) を計算する．

課題 2-4　LM35DZ から得られた電圧を温度に換算してシリアルモニタに表示するスケッチ 11 を完成させ，動作を確認する．電圧は式 (1.1) から計算し，温度係数は 10 [mV/℃] であることと，0 [℃] のとき 0 [mV] を示すことを用いて換算式を求める．

スケッチ 11　温度センサー LM35DZ による温度の計測と表示

```
1  int v;      // 読み取った値 (整数)
2  float temp;      // 換算された温度 (実数)
3  int sensorPin = 0;    // LM35DZ をアナログピン 0 に接続
4
5  void setup () {
6    Serial.begin (9600);   // シリアル通信の初期化
7  }
8
9  void loop() {
10   v = analogRead(sensorPin);  // アナログピンを読み取る
11   temp = _____ ;  // 換算式，(float)(v)で実数に変換して計算する
12   Serial.println(temp );   // 温度のシリアルモニタへの印字
13   delay(500);    // 500[ms]待つ
14 }
```

　実際に，LM35DZ と市販の温度計で，室温，保冷剤や使い捨てカイロなどの温度を，それぞれ測定し比較する．LM35DZ と市販の温度計で測定温度に違いがあれば，その理由について考察する．

6　自由制作：応答システムの製作 (3 週目)

　明るさ・温度・可変抵抗・スイッチ ON／OFF に応答して，LED・ブザーが動作するシステムを作製する．CdS セル・温度センサーで計測した明るさ・温度の値に対して，一定値以上 (または以下) の条件では LED 点灯・ブザー鳴動を起こすように，回路作製とスケッチ作成をする．その条件を，可変抵抗のツマミを回した量やスイッチの ON／OFF 状態などに基づいて変更できるように考えてもよい．具体的には，アナログまたはデジタル入力から読み取った電圧値を，プログラム上の条件文で場合分けして，出力の仕方を変える．作製したものについて，①仕様 (何を作ろうとしたか)，②回路図，③プログラム，④動作状況の説明と⑤改良すべき点をまとめたレポートを作成し，提出する．

付録 1　ブレッドボード

　電子回路は，ブレッドボード上に作製する．はんだ付けの必要がなく，試行錯誤しながら，回路を作製できる．ブレッドボードには，穴が開いていて内部で図 A のようにつながっている．これらの穴に，電子部品のリード線を差し込み，その間をジャンパワイヤで配線して，回路を作製する．回路を作製するときには，穴が内部でどのようにつながっているかに注意する必要がある．たとえば，図 B のように抵抗を挿すと，1a から 1c の間も内部で接続しているので，回路上で抵抗として機能しない．一方，図 C のように抵抗を挿した場合は，1e と 3e の間は内部で接続していないので，回路上で抵抗として機能する．

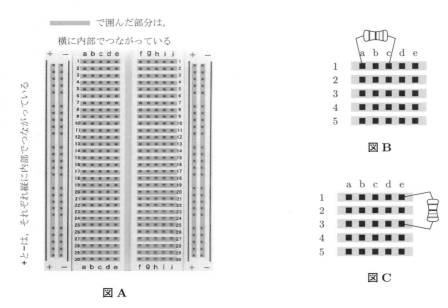

図 A

図 B

図 C

付録 2　Arduino プログラミング言語の簡単な説明

　詳しくは，http://www.musashinodenpa.com/arduino/ref/index.php などを参照のこと．

1　構造

①　setup ( )

　setup ( ) は Arduino ボードの電源を入れたときやリセットしたときに，一度だけ実行される．変数やピンモードの初期化，ライブラリの準備などに使う．setup ( ) は省略できない．

②　loop ( )

　loop ( ) には実行したいプログラムを書く．この部分は繰返し実行される．loop ( ) は省略できない．

2　基本的な文法

①　;

文末に付ける．C 言語と同じ．

②　{ }

ブロック文や関数の範囲を示す．C 言語と同じ．

③　コメント

コメントはコンパイラから無視され，コンピュータに出力されることはないので，チップ上のメモリを消費しない．

- 1 行コメント

    // コメント

- 複数行コメント

    / コメント*

      *コメント　　　　　*/*

④　#define

#define はプログラム中の定数に対して名前を付ける．#define で定義された定数は，コンパイル時に参照名から値へと置き換えられ，チップ上のメモリ (RAM) を消費しない．C 言語と同じ構文で使用する．

    #define *定数名　値*

⑤　#include

#include は外部のライブラリ (あらかじめ用意された機能群) をスケッチに取り入れたいときに使用する．この機能により C 言語の標準ライブラリや Arduino 専用に書かれたライブラリを利用できる．C 言語と同じ構文で使用する．

    #include 〈*ライブラリ名*〉

3　数値

①　数値

C 言語と同様に以下のデータ型がある．

データ型	説明	bit 数
boolean	true か false どちらか一方の値をもつ．	1
byte	0 から 255 までの 8 ビットの数値を格納する符号無しのデータ型．	8
char	1 つの文字を記憶するために 1 バイトのメモリを消費する符号付きの型．	8
int	符号付整数型．値の範囲は -32768 から 32767 まで．	16
unsigned int	符号なし整数型．値の範囲は 0 から 65535 まで．	16
long	符号付整数型．32 ビット (4 バイト) に拡張されている．	32
unsigned long	符号なし整数型．32 ビット (4 バイト) に拡張されている．	32
float	浮動小数点型．符号付．	32
double	倍精度浮動小数点型．符号付．	64

② `void`

Arduino の一般的なプログラミングでは，`void` は関数の定義にだけ使われる．`void` はその関数を呼び出した側になにも情報も返さない．

4 演算子

① `+ - * /`

2 つの値の加算，減算，乗算，除算の結果を返す．

② `=`

代入．等号 (=) の右側の値を左側の変数に格納する．

③ **比較演算子**

`==`	(等しい)
`!=`	(等しくない)
`x < y`	(x は y より小さい)
`x > y`	(x は y より大きい)
`x <= y`	(x は y 以下)
`x >= y`	(x は y 以上)

5 制御文

C 言語と同じ制御文が使用できる．

① **if 文**

```
if （条件）{
    動作 1
} else {
    動作 2
}
```

② **while 文**

```
while （条件）{
    動作
}
```

③ **for 文**

```
for （初期化 ; 条件式 ; 加算）{
    動作
}
```

6 デジタル入出力

① **初期化**：pinMode(*pin, mode*)

pinMode(*pin, mode*) は，指定された PIN を出力モード (OUTPUT) または，入力モード (INPUT) にする．

pinMode(*PIN 番号*, OUTPUT or INPUT)

② **書き出し**：digitalWrite(*pin, value*)

指定したピンに次の電圧で出力する．

HIGH：5 [V] (3.3 [V] のピンでは 3.3 [V])
LOW ：0 [V] (GND)

注 指定したピンが INPUT に設定されている場合は，HIGH を出力すると 20 [kΩ] の内部プルアップ抵抗が有効になる．LOW でプルアップは無効になる．

digitalWrite(*PIN 番号*, HIGH or LOW)

③ **読み込み**：digitalRead(*pin*)

指定した PIN の値を読み取る．5 [V] が入力されていれば HIGH を，0 [V] が入力されていれば LOW を返す．

v = digitalRead(*PIN 番号*)

7 シリアル入出力

① **初期化**：Serial.begin(*speed*)

Serial.begin(*speed*) は，指定されたスピードでシリアル通信を始める．コンピュータと通信する場合は，次のレートから 1 つを選ぶ．

300, 1200, 2400, 4800, 9600, 14400, 19200, 28800, 38400

Serial.begin(*speed*)

② **出力**：Serial.println(*data, format*), Serial.print(*data, format*)

データをシリアルポートへ出力する．Serial.println( ) は改行付き出力，Serial.print( ) は改行なし出力となる．数値は 1 桁ずつ ASCII 文字に変換される．浮動小数点数の場合は，小数点以下第 2 位まで出力するのがデフォルトとなっている．バイト型のデータは 1 文字として送信される．文字列はそのまま送信される．整数を出力する場合は，第 2 パラメータによってフォーマット (BYTE, BIN (2 進数), OCT (8 進数), DEC (10 進数), HEX (16 進数)) を指定できる．また，第 2 パラメータの数値によって有効桁数を指定できる．

例：

プログラム	出力
Serial.print(78)	78
Serial.print(1.23456)	1.23
Serial.print('N')	N
Serial.print("Hello world.")	Hello world.
Serial.print(byte(78))	N (ASCII コードの 78)
Serial.print(78, BYTE)	N
Serial.print(78, BIN)	1001110
Serial.print(78, OCT)	116
Serial.print(78, DEC)	78
Serial.print(78, HEX)	4E
Serial.println(1.23456, 0)	1
Serial.println(1.23456, 2)	1.23
Serial.println(1.23456, 4)	1.2346

③　**入力**：`Serial.read( )`

　　シリアルラインから 1 文字読み込む.

8　アナログ入出力

①　**入力**：analogRead(*pin*)

　　指定したアナログピンから値を読み取る. Arduino ボードは 6 チャネルの 10 ビット AD コンバータを搭載している. これにより, 0 から 5 [V] の入力電圧値を 0 から 1023 の数値に変換することができる. つまり, 分解能は 1 単位あたり 4.9 [mV] となる.

　　　　v = analogRead(*PIN 番号*)

②　**出力**：analogWrite(*pin, value*)

　　指定したピンからアナログ値を PWM 波 (pulse width modulation) として出力する. LED の明るさを変えたいときや, モータの回転スピードを調整したいときに使える. analogWrite 関数が実行されると, 次に analogWrite や digitalRead, digitalWrite がそのピンに対して使用されるまで, 安定した矩形波が出力される. PWM 信号の周波数は約 490 [Hz] である. 使用している Arduino ボードでは, デジタルピン 3, 5, 6, 9, 10, 11 でこの機能が使える. PIN 番号が指定できるので, analogWrite の前に pinMode 関数を呼び出して出力に設定する必要がない.

　　　　analogWrite(*PIN 番号, value*)

value には, 0 から 255 まで指定できる. 0 を指定すると 0 [V] の電圧が出力され, 255 を指定すると 5 [V] が出力される. (出力電圧の最大値は電源電圧と同じである.)

9　時間

①　delay(*時間* [ms] 単位)

　　プログラムを指定した時間だけ一時停止する. このパラメータは unsigned long 型で, 単位は [ms] である. 32767 より大きい整数を指定するときは, 値の後ろに UL を付け加える.

例：`delay(60000UL)`

② `millis( )`

　Arduino ボードがプログラムの実行を開始した時から現在までの時間を [ms] 単位 (unsigned long 型) で返す．約 50 日でオーバーフローし，ゼロに戻る．

③ `delayMicrosecond(`*時間* `[μs]` 単位`)`, `micros( )`

　`delay(`*時間* [ms] 単位`)`, `millis( )` と同様に使う．時間の単位が [μs] である．16 [MHz] 動作の Arduino ボード (Duemilanove や Nano) では，この関数の分解能は 4 [μs] で，戻り値は常に 4 の倍数となる．

実験 2

デジタルマルチメータ

1　はじめに

　電圧，電流および抵抗の基本的な測定方法を学ぶ．また，汎用性の高いデジタルマルチメータの使用法を習熟し，精度・正確度がよい電気諸量の測定方法を習得する．

2　電流と電圧の測定の基本

2.1　電流計

> **注**　電流を測定する際は，電流計を用い，電圧計を使用してはならない．（誤って使用すると，故障の原因となる可能性があるため．）

　いま，図 2.1 に示すように抵抗 R に電圧 E を加えた場合に，回路を流れる電流を測定することを考える．この場合の測定では図 2.2 のように電流計を抵抗に対して直列に接続する．

　電流計は内部抵抗がない理想的な電流計に小さな内部抵抗 r_0 を含んだ測定機器である．

　次に電流計接続前後の電流について考える．接続する前の電流 I_0 はオームの法則から

$$I_0 = \frac{E}{R} \tag{2.1}$$

となる．一方で接続後は内部抵抗 r_0 が存在するので，流れる電流 I は

$$I = \frac{E}{R + r_0} \tag{2.2}$$

となり，明らかに接続前後で電流値が異なることがわかる．すなわち電流計を接続し，電流を測定しようとすると誤差が生じる．このような誤差を系統的誤差という．もし測定する抵抗 R が内部抵抗 r_0 に比べて十分に大きい，すなわち $R \gg r_0$ の場合には (2.2) 式から容易にわかるように図 2.2 の回路の電流は $I \simeq I_0$ となる．逆に $R \simeq r_0$ の場合は $I < I_0$ となり，多くの誤差が含ま

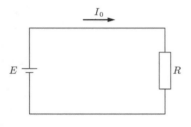

図 2.1　基本回路

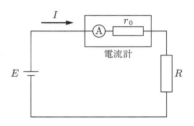

図 2.2　電流計を挿入した回路

れる．したがって，測定する抵抗と測定に用いる電流計の内部抵抗の大小関係を知ることは重要で，正確度の高い測定を行うために事前に測定装置の特性を把握する必要がある．

2.2　電圧計

> **注**　電圧を測定する際は，電圧計を用い，電流計を使用してはならない．(誤って使用すると，回路と並列接続となった電流計に大きな電流が流れ，危険であり，電流計や接続した機器を損傷することもある．)

電圧計は電流計と逆に大きな内部抵抗 R_0 $(R_0 \gg r_0)$ を持つ測定器である．電圧計は内部抵抗が無限大の理想電圧計に内部抵抗 R_0 が平行に接続されている．まず，図 2.3 に示す回路の抵抗 R_2 の端子間電圧 V_0 を測定することを考える．電圧計を用いてこの端子間電圧を測定する場合は図 2.4 のように電圧計を抵抗 R_2 に並列に接続する．ここで先と同様に電圧計接続前後の端子間電圧を考える．図 2.3 では抵抗 R_2 の端子間電圧 V_0 は

$$V_0 = E \cdot \frac{R_2}{R_1 + R_2} \tag{2.3}$$

となる．一方で図 2.4 の回路においてわずかであるが，電圧計にも電流が流れるため，抵抗 R_2 の端子間電圧 V は

$$V = E \cdot \frac{\dfrac{R_0 R_2}{R_0 + R_2}}{R_1 + \dfrac{R_2 R_0}{R_0 + R_2}} = \frac{R_2}{R_1 + R_2 + \dfrac{R_1 R_2}{R_0}} \cdot E \tag{2.4}$$

となり，接続前後で電圧値が異なる．これが測定誤差である．もし測定する抵抗 R_2 に比べて電圧計の内部抵抗 R_0 が十分大きければ，すなわち $R_0 \gg R_2$ の場合は $V \simeq V_0$ となり，接続前後でほとんど一致する．

以上の事から，**一般に電流計の内部抵抗は小さく，電圧計の内部抵抗は大きい方が測定誤差は少ない．** すなわち正確度の高い測定のためには使用する測定器の内部抵抗を把握する必要がある．

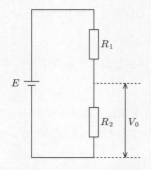

図 2.3　抵抗の直列接続回路

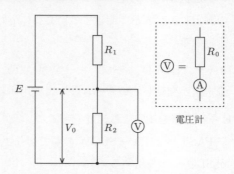

図 2.4　電圧計を挿入した回路

3　デジタルマルチメータ

　デジタルマルチメータは，抵抗・直流電圧・直流電流・交流電圧・交流電流が測定できる機器である．本実験では ADCMT 社 (旧アドバンテスト) 製デジタルマルチメータの 7451A および R6441A を使用する．図 2.5 は前面パネルである．機種によって配置および機能が多少異なるが基本構成は同じである．

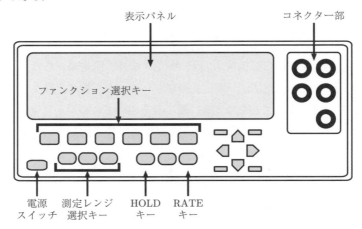

図 2.5　デジタルマルチメータ前面パネル

3.1　各スイッチなどの説明

電源スイッチ　電源のスイッチである．精密測定器は熱的に安定した状態で使用するのが望ましいので，スイッチを入れてからある程度時間を置いてから測定する．また頻繁にスイッチを切ったり入れたりしない．

ファンクション選択キー　測定する物理量を選択するキーである．直流電流は ADC または DCI，直流電圧は VDC または DCV，抵抗測定は OHM または Ω を選ぶ．

測定レンジ選択キー　測定レンジの切り換えを行うキーである．AUTO を押せば常に最大桁数の測定レンジ表示で測定する．必要に応じて UP，DOWN を押し測定レンジを切り換え，測定する．

HOLD キー　HOLD キーは，キーを押した場合の値を保持し表示する機能を持つキーである．測定値が変動しているときなどに使用する．

RATE キー　値を測定する速度 (サンプリング・レート) を変更するキーである．キーを押す毎に FAST → MID → SLOW の順で切り替わる．通常，値が高速に変動しない場合は，MID か SLOW で使用する．

コネクター部　入力ケーブルを接続する場所である．COM には常に黒いケーブルを接続する．電圧・抵抗の測定は，赤いケーブルを V Ω の端子に接続し，R6441A の場合，電流測定は A または mA の端子に接続する．電流測定の場合，値の大きさによって端子を差し替えて接続する．mA 以下の測定端子には 500 [mA] のヒューズが入っている．A の端子には

ヒューズが入ってないので測定には注意をすること．7451A の場合，電流測定は mA の端子に接続する．今回の測定では 4WΩ の HI，Lo の端子には接続しない．

3.2 デジタルマルチメータを用いた測定

使用方法　デジタルマルチメータの背面部にある電源コードを接続し，コンセント接続後，前面パネルにある POWER スイッチを押す．内部で較正が行われ，不具合があるとエラーが表示される．

抵抗測定　入力ケーブルの黒を COM の端子に差し込み，赤を V Ω の端子に差し込む．測定ファンクション切り換えキーの OHM を押す．AUTO または適切な測定レンジを選択し，入力ケーブルの先端を短絡 (ショートの意味で両端子の先端を接触させるということ) し，表示が 0 [Ω] になっていなければ NULL キーを押し 0 [Ω] にする．測定対象に入力ケーブルを接続し，抵抗を測定する．

直流電流測定　入力ケーブルの黒を COM の端子に差し込み，赤を A，mA μA の端子に差し込む．測定ファンクション切り換えキーの DCI を押す．AUTO または適切な測定レンジを選択し，入力ケーブルの先端を開放した状態にし，表示が 0 [A] になっていなければ NULL キーを押し 0 [A] にする．測定対象に入力ケーブルを接続し，電流を測定する．

直流電圧測定　入力ケーブルの黒を COM の端子に差し込み，赤を V Ω の端子に差し込む．測定ファンクション切り換えキーの V DC を押す．AUTO または適切な測定レンジを選択し，入力ケーブルの先端を短絡し，表示が 0 [V] になっていなければ NULL キーを押し 0 [V] にする．測定対象に入力ケーブルを接続し，電圧を測定する．

7451A および R6441A の内部抵抗 (インピーダンス[1]) を表 2.1〜表 2.4 に示す．

表 2.1　7451A 直流電流測定時の内部抵抗値

電流レンジ	3000 [μA]	30 [mA]	300 [mA]	3000 [mA]
内部抵抗	10.5 Ω		1.5 Ω	0.5 Ω

表 2.2　7451A 直流電圧測定時の内部抵抗値

電圧レンジ	300 [mV]	3000 [mV]	30 [V]	300 [V]	1000 [V]
内部抵抗	1 [GΩ]/10 [MΩ][※] ± 1%		10 [MΩ] ± 1%		

※ 1 [GΩ]/10 [MΩ] は 1 [GΩ] か 10 [MΩ] を選択可の意味

表 2.3　R6441A 直流電流測定時の内部抵抗値

電流レンジ	20 [mA]	200 [mA]	2000 [mA]	10 [A]
内部抵抗	1.5 [Ω] 以下		0.05 [Ω] 以下	0.04 [Ω] 以下

[1] インピーダンス：抵抗 (抵抗器) は原則的に直流でも交流でも同じ抵抗値をもつ．コイルは直流には抵抗値はなく，交流に対しては抵抗として作用する．また，コンデンサは直流を流さないが (抵抗が無限大)，交流は流れる．すなわちインピーダンスとは抵抗より少し広い意味を持った電流の流れを妨げる要因である．

表 2.4　R6441A 直流電圧測定時の内部抵抗値

電圧レンジ	20 [mV]	200 [mV]	2000 [mV]	20 [V]	200 [V]	1000 [V]
内部抵抗		1 [GΩ] 以上		11.1 [MΩ] ± 1%	10.1 [MΩ] ± 1%	10.0 [MΩ] ± 1%

R6441A の測定レンジ切り替え時の表示を表 2.5 に示す．直流電圧測定時は端子短絡 (0 [V])，直流電流測定時は端子開放 (0 [A]) で，測定レンジを変えると表 2.5 の表示のようになる．測定レンジの確認方法として小数点の桁数とディスプレイに表示される表示出力単位で判断することができる．

7451A については本体の測定レンジ選択キー (RANGE の UP，DOWN キー) で各測定レンジの表示切替が可能であり，本体の表示部分をみれば自明である．

表 2.5　R6441A のレンジと表示

ファンクション	測定レンジ	表示	出力表示単位
	20 [mV]	0.000	mV
	200 [mV]	0.00	mV
直流電圧	2000 [mV]	0.0	mV
	20 [V]	0.000	V
	200 [V]	0.00	V
	1000 [V]	0.0	V
	20 [mA]	0.000	mA
直流電流	200 [mA]	0.00	mA
	2000 [mA]	0.0	mA
	10 [A]	0.000	A

4 実験課題

4.1 実験前の確認事項

抵抗の公称値について

付録の「A.1 抵抗およびコンデンサの表示の読み方」を参考にするか，Web サイト等で検索するとカラーで見ることができるので好きな方を参考にすること．

直流電源装置について

付録の「A.2 直流電源の使い方」を参照すること．なお，本実験で使用する直流電源には出力電流の最大値を制御する機能があり，電源本体・前面の左側のつまみは，その最大値を設定するためのつまみである．その設定値を途中変更すると，実験実施時に正しい結果が得られなくなる．直流電源装置を使用する実験では，実験の開始時，OUTPUT ボタンを押す前に各班でその設定値を確認およびメモすること．

実験回路接続装置

実験課題の回路の組み立てには，図 2.6 の実験回路接続装置を使用する．〇の部分が接続端子で，電源，デジタルマルチメータ，抵抗などを接続する．

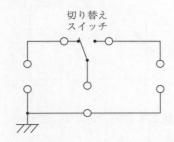

図 2.6 実験回路接続装置

4.2 実験課題

課題 1 デジタルマルチメータによる抵抗の測定

実験方法

各班に用意してある抵抗の値を，デジタルマルチメータの抵抗測定ファンクションを使って各班で一度ずつ測定せよ．なお，有効数字には十分注意し測定を行う．何桁で測定を行うかを，事前に検討すること．7451A を使用する場合は，7451A の表示部分に「2 W」という表示が点灯していることを確認してから測定を行うこと．

※ 測定レンジが適切でないと表示値が 0 や 0 に近い値になり読み取りたい数値が表示されない場合がある．そのため適切な測定レンジを実験者が選択すること．

解析および考察

得られた結果をまとめよ．また，公称値と実験値の値を比較し考察を述べよ．

課題2　電圧計・電流計の内部抵抗値測定

ここでは，使用する電圧計・電流計の内部抵抗値を測定する．

課題2-1　電圧計の内部抵抗値測定

実験方法

図2.7の回路を構成し，電圧を加え，電流値と電圧値を読み取り電圧計の内部抵抗値を求める．電流計は7451A，電圧計はR6441Aを使用する．電圧は，0〜18 [V] まで1 [V] 程度の間隔で変化させ，電圧値および電流値を測定せよ．なお，内部抵抗を固定するため電圧計の測定レンジは20 [V] に固定して測定すること．

※ 実験の際に直流電源装置に表示される値は目安であるので，実験結果として記録する測定値は，電圧，電流ともにデジタルマルチメータの値を記録すること．

解析

測定から得られた電圧および電流を表にまとめよ．また電流-電圧特性の図を作成せよ．さらに最小二乗法を用いて直線を求め，その傾きから抵抗値を求めよ．

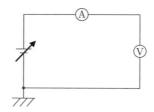

図2.7　電圧計内部抵抗測定回路

課題2-2　電流計の内部抵抗値測定

実験方法

図2.8の回路を構成し，電圧を加え，電流値と電圧値を読み取り電流計の内部抵抗値を求める．電流計は7451A，電圧計はR6441Aを使用する．電圧は，0〜50 [mV] まで5 [mV] 程度の間隔で変化させ，電圧値および電流値を測定せよ．なお，内部抵抗を固定するため電流計の測定レンジは300 [mA] に固定して測定すること．

※ 実験の際に直流電源装置に表示される値は目安であるので，実験結果として記録する測定値は，電圧，電流ともにデジタルマルチメータの値を記録すること．

解析

測定から得られた電圧および電流を表にまとめよ．また電流-電圧特性の図を作成せよ．さらに最小二乗法を用いて直線を求め，その傾きから抵抗値を求めよ．

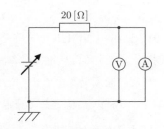

図 2.8　電流計内部抵抗測定回路

課題3　電圧降下法[2)]による低抵抗の測定

　ここでは，図 2.9，図 2.10 に示される回路に比較的小さな抵抗 (20〜24 [Ω]) を接続し，電流と電圧の測定値から抵抗値を求め，回路の違いによりその抵抗値がどのように変化するかを理解する.

実験方法

　図 2.9，図 2.10 の回路の抵抗 R に 20〜24 [Ω] の抵抗を接続し，測定回路を作成する．電流計は 7451A を使用し，内部抵抗を固定するため電流計の測定レンジは 30 [mA] に固定して，電圧を 0〜0.6 [V] まで 0.1 [V] 程度の間隔で変化させ，電圧値および電流値を測定せよ.

※ 実験の際に直流電源装置に表示される値は目安であるので，実験結果として記録する測定値は，電圧，電流ともにデジタルマルチメータの値を記録すること.

解析

　2 つの回路から測定した電圧および電流を表にまとめよ．次に，電流-電圧特性の図を，最小二乗法を用いて作成せよ．また，最小二乗法を用いて得られた直線の傾きからそれぞれの回路の抵抗値を求めよ.

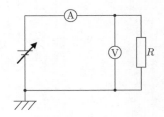

図 2.9　抵抗測定回路 1

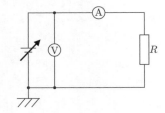

図 2.10　抵抗測定回路 2

課題4　電圧降下法による高抵抗の測定

　ここでは，図 2.9，図 2.10 に示される回路に比較的大きな抵抗 (910 [kΩ]〜1.1 [MΩ]) を接続し，電流と電圧の測定値から抵抗値を求め，回路の違いによりその抵抗値がどのように変化するかを理解する.

[2)] 電圧降下法とは抵抗にかかる電圧を電圧計で，抵抗に流れる電流を電流計で測定し，その測定値から抵抗を求める方法である.

実験方法

　図 2.9，図 2.10 の回路の R に $910\,[\mathrm{k}\Omega]$〜$1.1\,[\mathrm{M}\Omega]$ の抵抗を接続し，測定回路を作成する．電流計は 7451A を使用し，内部抵抗を固定するため電流計の測定レンジは $3000\,[\mu\mathrm{A}]$ に固定して，電圧を 0〜$5\,[\mathrm{V}]$ まで $0.5\,[\mathrm{V}]$ 程度の間隔で変化させ，そのときの電圧値および電流値を測定せよ．なお，電圧計の測定レンジは $20\,[\mathrm{V}]$ に固定して測定すること．

※ 実験の際に直流電源装置に表示される値は目安であるので，実験結果として記録する測定値は，電圧，電流ともにデジタルマルチメータの値を記録すること．

解析

　2 つの測定から得られた電圧および電流を表にまとめよ．また電流-電圧特性の図を作成せよ．更に最小二乗法を用いて直線を求め，その傾きからそれぞれの回路の抵抗値を求めよ．

課題 5　課題 3，4 に関する考察課題

考察課題 1

　課題 3 と課題 4 で用いた抵抗値に関して，課題 1 で測定した抵抗値と最小二乗法で求めた抵抗値を比較せよ。具体的には，課題 1，課題 3，課題 4 で得られた電流-電圧特性を一つの図中に作成し，3 本の直線の傾きがどのような関係にあるか記述せよ．

考察課題 2

　課題 3 と課題 4 では同じ抵抗を用いているのに回路が異なると，なぜ求まる抵抗値が違うのか (正確度に差が出るのか) を考察し理由を記述せよ．

実験 3

オシロスコープによる信号測定

1　はじめに

　電圧を測定する際には電圧計やマルチメータが用いられるが，これらの機器は波形を観測することができない．そのため，波形の測定には，電圧を時間軸に沿って表示できるオシロスコープが用いられる．

　本実験では，さまざまな電気信号の測定を通して，オシロスコープの使い方を習得する．

2　オシロスコープについて

　オシロスコープは電圧の時間変化を画面上に可視化する装置であり，回路間に流れる信号を波形として確認することができることから，電子機器の故障個所の検出や設計した回路の動作チェックなどに用いられる．そのため，オシロスコープの操作は電子回路の設計・検査において必要不可欠なものとなっている．

　オシロスコープは測定方法で大きくアナログ方式とデジタル方式の 2 つに分けられる．本実験では岩崎通信機社製デジタルオシロスコープ DS-5102B および DS-5105B を使用する．これら 2 製品は型番が異なるが仕様はほとんど同じである．

2.1　デジタルオシロスコープの原理

　ここでは，デジタル方式オシロスコープの原理について説明する．

　図 3.1 に入力信号が画面に表示されるまでのブロック図を示す．はじめに入力信号はアッテネータ (減衰器) で適切な電圧に変更され，その後 AD 変換器が動作できる電圧までアンプで増幅される．AD 変換後の値はメモリに記録され，ディスプレイに表示される．

入力信号 $\longrightarrow$ 　アッテネータ　 $\longrightarrow$ 　アンプ　 $\longrightarrow$ 　AD 変換器　 $\longrightarrow$ 　メモリ　 $\longrightarrow$ 　表示装置　

図 3.1　デジタルオシロスコープのブロック図

2.2　オシロスコープの各部名称と機能

2.2.1　正面パネル

　本実験で使用するオシロスコープの正面パネル図を図 3.2 に，各部の名称と機能を表 3.1，表 3.2 にそれぞれ示す．

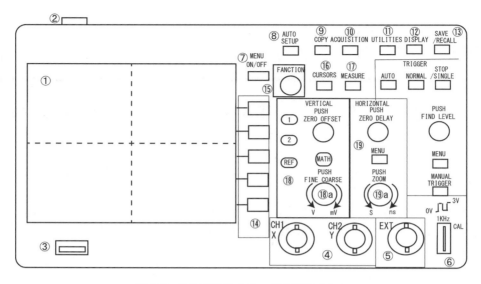

図 3.2　DS-5100B シリーズの正面パネル

表 3.1　正面パネル内の各部の名称および機能

No.	名称	機能
①	ディスプレイ	波形および他の情報表示.
②	POWER スイッチ	電源の ON/OFF.
③	USB 端子	USB メモリからのデータ入出力.
④	INPUT 端子	信号の入力端子. X-Y 動作時は CH1 に X, CH2 に Y を入力する.
⑤	EXT 端子	波外部トリガー (波形を静止させるための信号) 入力端子.
⑥	CAL 端子	3.0Vp-p (peak-peak：波の山と谷の値) の矩形波出力端子. 主にプローブを校正するときに使う.

2.2.2　オシロスコープの入力ケーブルについて

オシロスコープの入力端子には，プローブと呼ばれる先端が針状やカギ状になっているケーブルを接続する. プローブの外観を図 3.3 に示す.

入力ケーブルは同軸ケーブル[1]を利用し，プローブには 1 倍 (1×) と 10 倍 (10×) の入力インピーダンス[2]切り替えスイッチがある. 入力インピーダンスは 1 倍だと 1 MΩ で，10 倍だと 10 MΩ となる. オシロスコープは電圧計と同じくハイインピーダンスであることが望ましいため 10 倍を用いたほうがよい. ただし，入力インピーダンスの倍率に合わせてオシロスコープの表示も変化するので注意すること.

またオシロスコープとのコネクタ部分 (BNC 端子) にはプローブの位相調整ネジがついており，測定開始前に適正値に調整する必要がある.

---

[1] 平行線に比べ，高周波まで伝送できる.
[2] コイルやコンデンサを含めた電気抵抗の総称.

表 3.2 正面パネル内のキー，ノブの機能

No.	名称	機能
⑦	[MENU ON/OFF]	メニューの表示が無い場合に押すと，その前のメニューを表示する．ON/OFF & メニューの表示がある場合は，そのメニューを閉じる．
⑧	[AUTO SETUP]	表示条件を自動的に設定し波形および AUTO SETUP メニューを表示する．
⑨	[COPY]	③の USB 端子にデータを出力する．UTILITIES で仕様を選択する．
⑩	[ACQUISITION]	データ取得時の設定．
⑪	[UTILITIES]	使用時の音・言語・データ出力等の設定と表示．
⑫	[DISPLAY]	画面の設定．
⑬	[SAVE/RECALL]	外部 (USB) メモリからの波形データ等の呼び出しと保存．
⑭	[FUNCTION]	画面右側にある電圧感度・掃引時間・その他の設定・選択・実行．
⑮	[FUNCTION]	カーソルの移動時や各設定で左回転を示す矢印がある項目の設定．
⑯	[CURSORS]	カーソルの移動とその表示．
⑰	[MEASURE]	測定パラメータの自動測定．
⑱	VERTICAL [1],[2]/[CH]	波形および他の情報表示．点灯している CH のオフセット，感度調整．トレース・メニュー等の ON/OFF．
	[OFFSET]	点灯している CH の基準からのずれ設定．押すと 0 になる．
	[VOLT/DIV]	点灯している CH の感度設定．⑱a を押す事により COARSE と FINE が切り替わる．
	[MATH]	演算トレースの ON/OFF およびレファレンスメニューの表示．
	[REF]	レファレンス波形表示の ON/OFF とそのメニュー表示．
⑲	HORIZONTAL [DELAY]	波形および他の情報表示．トリガディレイの設定．押すと 0 s に設定される．
	[TIME/DIV] /[ZOOM]	a で時間軸レンジを選択する．押すとズームモードになる．回して倍率を決める．
	[MENU]	HORIZONTAL メニューの表示．Y-T 表示と X-Y 表示の切り替えなどを行う．
⑳	TRIGGER [FIND LEVEL]	トリガレベルの設定．押すとトリガレベルが波形中央になる．
	[MENU]	TRIGGER メニューの表示．
	[AUTO]	自動でトリガ信号を発生させ波形を取り込む．
	[NORMAL]	トリガ信号が発生するたびに波形を取り込む．
	[STOP/SINGLE]	押すとトリガ信号が発生して 1 回だけ波形を表示して停止する．トリガ待ち状態で点灯する．
	[MANUAL/TRIGGER]	NORMAL SINGLE モード時に，強制的にトリガをかけることで波形観測を行う．

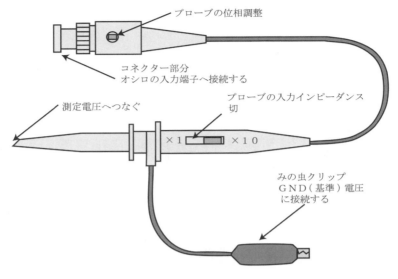

図 3.3 プローブの外観

2.3 表示方式

本実験で使用するオシロスコープでは Y-T 表示と X-Y 表示の 2 種類の表示方式を利用する.

Y-T 表示では縦軸に入力電圧, 横軸を時間として時間経過に対する信号の変化を見ることができる. また, 本実験で利用するオシロスコープでは Y-T 表示において 2 つの信号を同時に観測することができる. これを **2 現象観測**という. Y-T 表示における 2 現象観測の例を図 3.4 に示す.

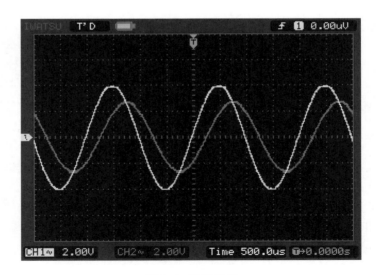

図 3.4 Y-T 表示

X-Y 表示では 2 現象観測における 2 つの信号のうち一つを横軸に, もう一つを縦軸に割り当てる. X-Y 表示で観測できる 2 信号の合成波形を**リサージュ波形**といい, 位相の変化などを測定するのに適している. X-Y 表示におけるリサージュ波形の例を図 3.5 に示す.

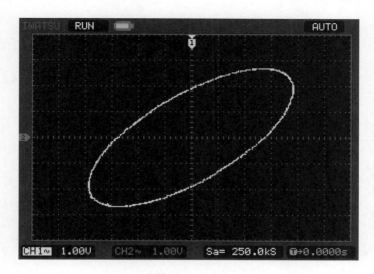

図 3.5 X-Y 表示

3 測定の準備と手順

3.1 測定前の準備

　まずオシロスコープの電源を入れる．オシロスコープは熱的に安定した状態で使用するべきであるので，起動後は頻繁に電源を切らないようにする．また，温度が上がりすぎると機器が故障する恐れがあるので筐体の上にテキストなどを置かないように注意すること．

　次に以下の手順でプローブの位相調整を行う (図 3.6)．

1. プローブの BNC コネクタ側をオシロスコープの CH1 に接続する．
2. みの虫クリップとプローブの先端をそれぞれ図 3.2⑥の GND 端子と CAL 端子に 接続する．
3. [AUTO SETUP] ボタンを押す．
4. プローブの位相調整ネジを回しながら，画面の矩形波が理想的な形になるように調整する．
5. CH1，CH2 のそれぞれに対してプローブ減衰比を「×10」に設定する．

この位相調整を 2 本のプローブ両方に対して行う．

3.2 操作手順および設定

3.2.1 基本操作

　CH1 に入力信号を入力し [AUTO SETUP] を押す．必要に応じて [DISPLAY] を押して画面の調整を行う．画面右側に表示の無い MENU 表示が出る場合は回転矢印のキーか AUTO を押すと解除される．

　[AUTO SETUP] を押した時点で基準点は標準的な波形観測が行える点に設定されている．[AUTO SETUP] による波形の表示例を図 3.7 に示す．[PUSH ZERO OFFSET] を押すと中央に設定される．電圧の基準点を変えたい場合は [PUSH ZERO OFFSET] のツマミを回す．画面左の黄色い矢印が電圧の基準点を示す．

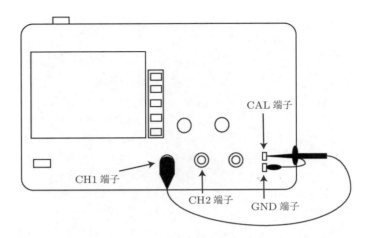

図 3.6 プローブの位相調整

　時間の基準を変えたい場合は [PUSH ZERO DELAY] のツマミを回すとトリガーディレイマーク (画面上部の茶色の矢印) とともに波形が移動する．また，このツマミを押すとマークと波形が中央に戻る．

　左下に CH・結合方式 (coupling)・1 division (以下 div) 当たりの電圧が表示される．右下には 1div 当たりの時間が表示される．

　振幅を拡大または縮小したい場合は [VERTICAL] 部分の図 3.2 ⑱ a を回す．すると 1div 当たりの電圧値が変わり波形の振幅が拡大または縮小して表示される．[FINE/COARSE] を押すと FINE (微調整) と COARSE (粗調整) の切り替えになる．

　時間を拡大または縮小したい場合は [HORIZONTAL] 部分の図 3.2 ⑲ a を回す．

　これらから周期・振幅などを求められるが，[MEASURE] を押すとメニュー画面が出るので知りたい量を押し [FUNCTION] のツマミを回すと値が表示される．

　点灯している図 3.2 ⑱の [1] または [2] を押すと測定条件のメニューが表示される．通常の観測はどのような波形であっても結合は直流を選ぶ．波形の直流成分を削除したい場合は交流を選択する．GND を選ぶと信号は遮断され画面には表示されない．

　交流信号は時間的に変化しているので画面上で静止させる場合，たとえば正弦波の 1 周期を画面いっぱいに表示させるとき，時間は左から右に流れているが，1 周期が終わり 2 周期目が左端の始点に来たときに 1 周期目と同じ位置から始まらないと静止して見る事ができない．観測する信号に対して静止させることを同期を取ると言う．また同期を取るための信号が必要であるが，それを決める信号をトリガー (TRIGGER) という．測定によってはトリガーの設定が必要になる事がある．

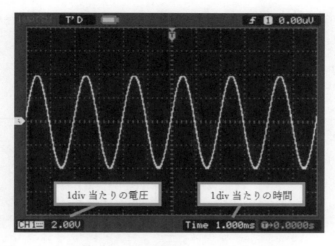

図 3.7 [AUTO SETUP] による正弦波の表示

3.2.2 カーソルの利用

オシロスコープには計測用カーソルの間隔を表示できる便利な機能がある．[CURSORS] を押すと MENU が表示される．電圧を測りたいときはカーソル形式を押し Y を選ぶ．そうすると図 3.8 のような画面が表示される．CurA の値は左端 1 を基準として，その上部にある横線との電圧を表示する．CurB は左端 1 を基準として，その下部にあるカーソルとの電圧を表示する．ΔY はカーソル A とカーソル B の電圧を表示する．

測定値は左端 1 と横線との電圧なのでカーソル A を移動させて横線に重ねて CurA の値を読んでもよいし，カーソル A と B を左端 1 と横線まで移動させて ΔY の値まで読んでもよい．

周期 (時間) を測りたいときは，カーソル形式 X を選び CurA または CurB を選び Function を回し設定する．そうするとカーソル間の値が上部に表示される．あとは電圧と同様にして測定する．

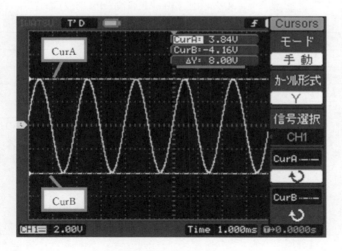

図 3.8 カーソルの利用

4　発振器の各部名称と機能

　本実験で使用する発振器の正面パネル図を図 3.9 に，各部名称と機能を表 3.3 に示す．本実験では GW Insturument 社の AFG-2005 を使用する．**出力波形は必ずオシロスコープ側で確認し調整すること**．たとえば，振幅 4 V の正弦波は 4 V になるように調整する．

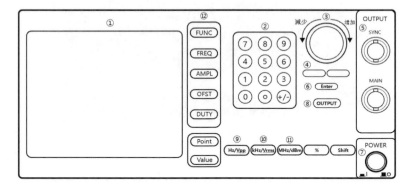

図 3.9　発振器 (AFG-2005) の全面パネル

表 3.3　正面パネルの各部の名称および機能

No.	名称	機能
①	LCD	ディスプレイ 3.5 インチ, 3 カラー LCD ディスプレイ
②	キーパッド	ディジタル・キーパッドは値とパラメータを入力するために使用する．キーパッドは，選択キーおよび可変取手と共にしばしば使用される．
③	スクロールノブ	スクロールノブは 1 デジットステップで値とパラメータを編集するために使用する．矢印キーと共に使用する．
④	矢印キー	パラメータを編集するとき数字を選択するために使用する．
⑤	出力端子	SYNC 出力端子：方形波 (矩形波) の時 メイン出力端子：正弦波 (サイン波) の時
⑥	エンターキー	入力値を確定するために使用する．
⑦	電源ボタン	電源をオン/オフする．
⑧	出力コントロールキー	出力をオン/オフする．
⑨	Hz/V_{pp}	Hz または V_{pp} 単位を選択する．
⑩	kHz/V_{rms}	kHz または V_{rms} 単位を選択する．
⑪	MHz/dBm	MHz または dBm 単位を選択する．
⑫	FUNC	FUNC キーは出力波形のタイプを選択するのに使用する．正弦波，方形波，ランプ波，ノイズ，ARB (任意波形) ＊必ず確認すること
	FREQ	選択した波形の周波数を設定．
	AMPL	選択した波形の振幅を設定．
	OFST	選択した波形の DC オフセットを設定．
	DUTY	ランプ波と方形波のデューティ比を設定．

5　実験課題

実験1　直流電圧の測定

実験1-1　電源電圧の測定

　定格出力 ±15 [V] の直流電源装置の出力電圧を測定せよ．測定は電源装置の +15 [V] 出力端子，−15 [V] 出力端子の 2 端子に対して行うこと．

　電子回路では，基準となる電位のことをアースまたはグランドと言い黒い端子を使うことが多い．接続するケーブル類もアース側は黒が多い．オシロスコープの場合，プローブは，みの虫クリップがアースへの接続になる．**2 現象測定をする場合，2 本のプローブのアース側 (みの虫クリップ) は必ず同じ所に接続する．これを間違うと機器が壊れるので注意すること．**

　直流電源スイッチとオシロスコープの電源を入れる．

　調整済みのプローブをオシロスコープの CH1 端子と直流電源装置の +15 [V] 出力端子に接続する．プローブの倍率はどちらでもよい．[AUTO SETUP] を押すと図 3.10 のような波形が観測できる．電圧の基準は左端 1 の場所である．左下に 1 div 当たりの電圧値が表示されているので，縦軸の間隔を測ることにより電圧値を求めることができる．

　表示された波形を操作手順 3.2 を参考にして測定する．

　次にプローブを −15 [V] 出力端子に接続し同様の測定を行う．

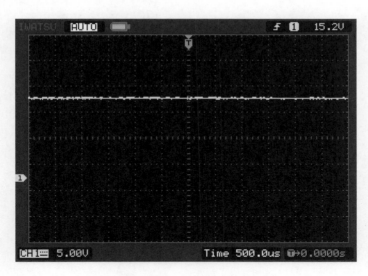

図 3.10　直流電圧の例

実験1-2　リップル電源電圧の測定

　電池を除く多くの直流電源は，交流電圧を変換して出力しているため，出力電圧に交流成分が残っていることがある．この交流成分を**リップル電圧**という．

　CH1 の結合方式を交流結合に変更し，±15 [V] 直流電源のリップル電圧の振幅および周期を測定せよ．

　接続は実験 1-1 の測定と同じである．CH1 に接続すると図 3.2 ⑱ の 1 が点灯する．これを押すと MENU が表示されるので結合交流を選ぶ．電圧値は小さいので図 3.2 ⑱ a を回して数 mV から

数十 mV に設定する．波形は一定周期ではなく変動が激しく観測しづらいため，[STOP/SINGLE] のボタンを押して，その瞬間の波形を表示させる．再び動かす場合は [AUTO] のボタンを押す．時間軸 (図 3.2 ⑲ b) を色々変えてみて読みやすい値に設定する．

実験 2　交流電圧 (正弦波) の測定

実験 2-1　正弦波の設定

周波数 500 [Hz]・振幅 4 [V] の正弦波を測定せよ．発振器の正弦波を選び，周波数を 500 [Hz] に設定する．オシロスコープのプローブを CH1 に接続し，[AUTO SETUP] を押すと図 3.7 のような波形が表示される．オシロスコープで振幅を確認しながら発振器の出力ツマミを回して振幅を 4 [V] に設定する．これで発振器の設定は終了である．なお，発振器の周波数および振幅は以降の実験でも使用するため，変更しないこと．

実験 2-2　位相差の測定

位相の異なる 2 つの正弦波を測定し，位相差を求めよ．用意してある抵抗 (R) とコンデンサ (C) の直列回路に図 3.11 のように発振器とオシロスコープを接続する．

なお，図 3.12 のように，1 周期を T_1，波形の時間差を T_2 と置くと，位相差 θ は式 (3.1) で求められる．

$$位相差\ \theta = 2\pi \frac{T_2}{T_1} \tag{3.1}$$

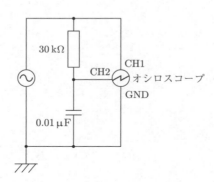

図 3.11　位相差測定回路

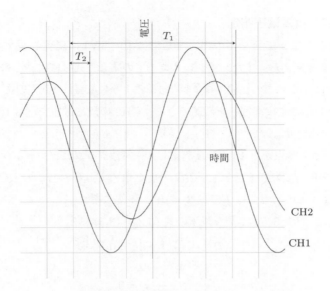

図 3.12 正弦波の位相差

実験 2-3 観測波形の数式化

正弦波は一般に $y = A\sin(\omega t + \theta)$ で表すことができる．実験 2-2 で測定した CH1 の波形を y_1，CH2 の波形を y_2 として，2 つの波形を上記の形式で表せ．

なお，CH1 の $\theta = 0$ とする．

実験 2-4 リサージュ波形による位相差の測定

実験 2-2 のオシロスコープの表示を Y-T から X-Y に変更し，表示されたリサージュ波形から位相差を求めよ．なお，図 3.13 のようなリサージュ波形が得られたとき，位相差 θ は式 (3.2) で求められる

$$位相差\ \theta = \sin^{-1}\left(\frac{a}{b}\right) \tag{3.2}$$

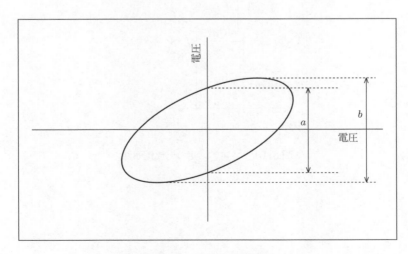

図 3.13 リサージュ図形

実験 3　RC 回路の放電電圧測定

　周波数は 500 [Hz] のままで発振器の出力を矩形波 (0〜5 V) に変更し，ケーブルを発振器の SYNC 出力端子に繋ぎ変える．また，オシロスコープの結合方式は直流結合に変更する．回路構成は図 3.14 のようになる．この状態では，図 3.15 のように CH1 で発振器の出力波形 (矩形波) を，CH2 でコンデンサの充放電電圧を観測できる．CH2 の放電電圧を図 3.16 のように拡大し，時間と電圧の関係を測定せよ．

　まず，電圧がピークの時点から 10 点程度測定し，片対数グラフにプロットする．得られたグラフから最小二乗法を用いて傾きを計算し，RC の値を求めよ．なお，この RC を**時定数**といい，本実験回路の公称値からの計算では $RC = 3 \times 10^{-4}$ [s] となる．

　回路を流れる電流に関する方程式[3]を以下の式 (3.3)〜(3.5) に示す．

$$RI + \frac{1}{C} \int I \, \mathrm{d}t = 0 \tag{3.3}$$

$$\frac{\mathrm{d}I}{\mathrm{d}t} + \frac{1}{RC} I = 0 \tag{3.4}$$

$$I = \frac{V}{R} \exp\left(-\frac{t}{RC}\right) \quad \text{ただし，} t = 0 \text{ で } I = \frac{V}{R} \tag{3.5}$$

したがって，コンデンサの電圧 V_c は，

$$
\begin{aligned}
V_\mathrm{c} &= V - \frac{1}{C} \int_0^t I \, \mathrm{d}t \\
&= V - \frac{V}{RC} \int_0^t \exp\left(-\frac{t}{RC}\right) \mathrm{d}t \\
&= V \exp\left(-\frac{t}{RC}\right) \tag{3.6}
\end{aligned}
$$

となる．

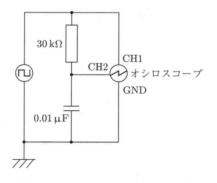

図 3.14　コンデンサの充放電回路

---

[3] (3.6) 式では e^* を $\exp(*)$ と記述する．

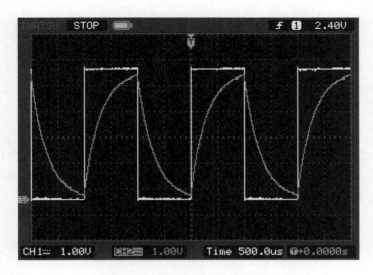

図 3.15 入力矩形波と充放電電圧

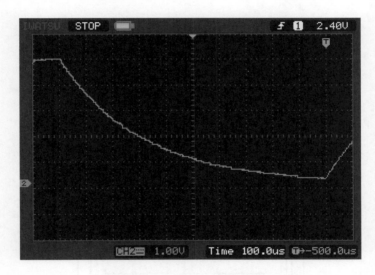

図 3.16 コンデンサの放電電圧

実験 4 応用実験

実験 4-1 オシロスコープの結合方式による比較実験

　発振器の周波数を 40 [Hz] に設定し，電圧出力の矩形波を観測する．このとき，オシロスコープの結合方式を直流結合と交流結合の両方で観測すること．

実験 4-2 リサージュ波形を用いた周波数測定

　次に図 3.17 のように CH1 に任意の周波数 f_1 を，CH2 には CH1 とは異なる周波数 f_2 を入力する．ここで実験 1-1 で触れたように 2 本のプローブを使用する場合は，2 本のプローブのアースは必ず同じ場所で取る．図 3.18 に CH1 と CH2 の周波数比が 3：5 の場合のリサージュ波形の例を示すが，CH1 と CH2 の周波数比によりいろいろな波形を描く．実際は 2 つの独立した発振

器の周波数比と位相を合わせるのが困難であるため，リサージュ波形が止まらずに回転するように見える．図3.18では縦軸との交差数と横軸との交差数は 3 : 5 の比となり，このリサージュ波形の縦軸との交差数と横軸との交差数の比から周波数比を求めることが出来る．たとえば，CH1に 900 [Hz] の周波数が入力され，図3.18のような波形が観測される場合は，その周波数比 3 : 5 から CH2 には 1500 [Hz] の周波数が入力されていることがわかる．

　ここでは CH1 と CH2 にさまざまな周波数を入力し，周波数比によりリサージュ波形がどのように変化するかを観察せよ．この課題では，各自が観測波形について自由に考察すること．たとえば，なぜ観測波形のようになるのか，なぜ波形は静止しないのか，波形から周波数比率を求められないか等がある．

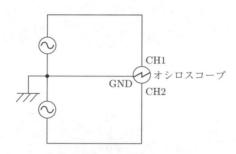

図 3.17　周波数測定回路

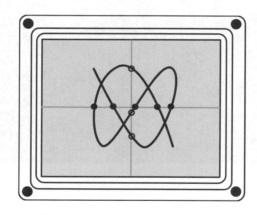

図 3.18　CH1 と CH2 の周波数比が 3 : 5 の場合のリサージュ波形

6　考察課題

課題1　リップル電圧について

　実験 1-2 の結果について，リップル電圧が生じる原因について考察せよ．

課題2　実効値について

　オシロスコープで観測できるのは交流電圧のある瞬間の電圧であり，これを**瞬時値**という．一方で一般に交流の電圧を表す際には**実効値**を用いる．実効値とは，直流電圧の仕事率と等しい交流電圧の値を言い，正弦波の場合，正の最大値を $\dfrac{1}{\sqrt{2}}$ 倍した値になる．

正弦波について，正の最大値を $\dfrac{1}{\sqrt{2}}$ 倍することで実効値となることを証明せよ．

課題 3　リサージュ波形について

実験 2-4 について，式 (3.2) を証明せよ．

課題 4　時定数について

実験 3 の結果から，片対数グラフを用いて電圧-時間グラフをプロットすると，傾きから RC の値を求めることができる．このことを式 (3.6) より示せ．

課題 5　交流結合方式について

実験 4-1 の結果について，交流結合での波形を解析せよ．

実験 4

重力加速度の測定

1 はじめに

地球上の物体に作用する重力は，地球による万有引力と地球の自転にともなう遠心力の合力である．したがって，重力加速度は，地球の形状や内部構造などの情報を含む地球物理学的に重要な量であり，国際的に多くの基準点で精密に測定されている．たとえば福岡における値は，理科年表 (国立天文台編) によれば $9.7963\,[\mathrm{m/s^2}]$ である．この実験では，ボルダ振子を用いて重力加速度を求め，その信頼性を評価することによって測定精度の意味を学ぶ．

2 ボルダ振子の理論

図 4.1(a) のように，一端を固定した糸に質量 m の質点をつないだ振子の運動について考える．支点 O から質点までの距離を R，糸と鉛直線とのなす角度を $\theta\,[\mathrm{rad}]$ とする．このとき，質点には重力と糸の張力がはたらく．ここで円弧の接線方向について考えると，加速度の接線方向の成分は $R\,\mathrm{d}^2\theta/\mathrm{d}t^2$ (円弧の長さ $R\theta$ の時間 t による 2 階微分)，重力の接線方向の成分は $-mg\sin\theta$ である．よって，空気や支点の抵抗，糸の質量が無視できるとき，運動方程式は

$$mR\frac{\mathrm{d}^2\theta}{\mathrm{d}t^2} = -mg\sin\theta \tag{4.1}$$

すなわち

$$\frac{\mathrm{d}^2\theta}{\mathrm{d}t^2} = -\frac{g}{R}\sin\theta \tag{4.2}$$

と書ける．ラジアン単位では $\theta \ll 1$ のとき $\sin\theta \fallingdotseq \theta$ と近似できるので，

$$\frac{\mathrm{d}^2\theta}{\mathrm{d}t^2} = -\frac{g}{R}\,\theta \tag{4.3}$$

のように単振動の運動方程式が得られる．これを解くことにより，振動の周期 T は，

$$T = 2\pi\sqrt{\frac{R}{g}} \tag{4.4}$$

が導かれる．したがって，

$$g = \frac{4\pi^2 R}{T^2} \tag{4.5}$$

であり，周期 T と距離 R の測定値から重力加速度 g を求めることができる．

実際には質点の代わりに半径 a の硬い球を用いるので，図 4.1(b) のように支点 O (エッジ E)

から止め具の付け根までの距離を L とすると, $R = L + d - a$ より,

$$g = \frac{4\pi^2(L+d-a)}{T^2} \tag{4.6}$$

である. なお, 止め具を含む球の高さを d とする. 以上の方法で重力加速度を求める装置をボルダ (Borda) 振子という. ここでは質点を仮定して (4.1)-(4.5) 式を導いたが, より厳密な表式は「剛体振子」の議論から導かれる.

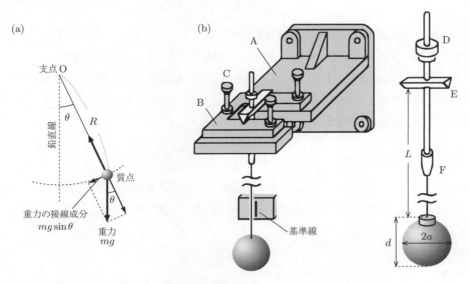

図 4.1 ボルダ振子の原理と構成. (a) 質点にはたらく力, (b) 装置の概観.

3 誤差の伝播

このテーマでは 4 つの測定値 $\{T, L, a, d\}$ を (4.6) 式に代入して重力加速度 g を求める. このように, n 種類の物理量の測定値 $\{X_1, X_2, \ldots, X_n\}$ が得られているとき,

$$Y = F(X_1, X_2, \ldots, X_n)$$

のような関数 F を使って量 Y を求めることがある. このとき, $\{X_1, X_2, \ldots, X_n\}$ の測定を「直接測定」, それらの関数として Y を求めることを「間接測定」という.

直接測定された量は誤差を含んでいるので, 間接測定された量にも誤差が入ってくる. これを「誤差の伝播」という. 「測定とデータの扱い方」の章で学んだように, X_i $(i = 1, \ldots, n)$ の最確値の標準偏差が σ_i $(i = 1, \ldots, n)$ のとき, Y の最確値の標準偏差 σ_Y は, 次式で表される.

$$\sigma_Y{}^2 = \sum_{i=1}^{n} \left(\frac{\partial F}{\partial X_i} \right)^2 \sigma_i{}^2 \tag{4.7}$$

ここで, $\partial F / \partial X_i$ は偏微分 (他の変数 X_j $(j \neq i)$ を定数とみなして X_i で微分する) である.

以下, データの解析に必要な関係式を列挙しておく (詳細は, 「測定とデータの扱い方」の章を参照のこと). ある量 Z を N 回同じ条件で測定して $Z_1, Z_2, \ldots, Z_N$ が得られたとき, 最も確か

らしい値, すなわち最確値 Z_m は, 測定値の算術平均で与えられる.

$$Z_\mathrm{m} = \frac{1}{N} \sum_{i=1}^{N} Z_i \tag{4.8}$$

また, 最確値の標準偏差 σ_m は, 最確値との差 $\rho_i = Z_i - Z_\mathrm{m}$(この ρ_i を残差という) を用いて

$$\sigma_\mathrm{m} = \sqrt{\frac{1}{N(N-1)} \sum_{i=1}^{N} \rho_i{}^2} \tag{4.9}$$

で表され, 測定回数 N が大きいほど最確値の精度は高くなる. 一般に, 精度の表示にはいろいろな流儀があるが, 本テーマでは標準偏差を用いて実験値の精度を表すことにする.

次に, (4.6) 式で求める重力加速度に誤差がどのように伝播するかを調べる. T, L, a, d の最確値に対する標準偏差をそれぞれ $\sigma_T, \sigma_L, \sigma_a, \sigma_d$ とし, (4.6) 式を (4.7) 式にあてはめ, 重力加速度 g の最確値の標準偏差 σ_g を求めると, 次式が得られる.

$$\left(\frac{\sigma_g}{g}\right)^2 = \frac{4}{T^2}\sigma_T{}^2 + \frac{1}{(L+d-a)^2}\sigma_L{}^2 + \frac{1}{(L+d-a)^2}\sigma_a{}^2 + \frac{1}{(L+d-a)^2}\sigma_d{}^2 \tag{4.10}$$

右辺第 1 項は周期 T の測定から g への誤差の伝播, 同様に第 2 項から第 4 項はそれぞれ距離 L と球の半径 a, 止め具を含む球の高さ d から g への誤差の伝播に対応する.

4　実験

4.1　準備

図 4.1(b) のように, ボルダ振子は硬い球 G, ポリエチレン糸, エッジ E, および支持台 A にのせた U 字形平台 B から構成される. まず, 小さな水準器 (液体中に気泡が入ったもの) を U 字形平台 B にのせ, ネジ C を調整して, U 字形平台 B を水平にする. 水準器の気泡が赤丸の中に入ればよい.

4.2　距離 L と半径 a, 球の高さ d の測定

以下の方法で L, a, d を測定して表にまとめる. データは班共通のものでよい.

1. ポリエチレン糸の長さを 1 [m] 程度に調整し, 球に付属するネジを使って糸を固定する.

2. ポリエチレン糸に接続された球 G とエッジ E について, エッジから止め具までの距離 L を巻尺で 10 回測定する. 最小目盛りの 1/10 まで読み取る. 無理な力を加えてポリエチレン糸が抜けたりしないように注意する.

3. ノギスを用いて球の直径 $2a$ および球の高さ d を 10 回測定する (ノギスについては p.80 付録 3 を参照のこと). 測る部位を変え, 0.05 [mm] まで読み取る. 粗く読むと 10 回とも同じ値になって誤差を見積れなくなることがある.

4.3　振子の周期 T の測定

以下の方法で振子の周期を測定する. 班員全員がそれぞれ個別に行う.

1. ポリエチレン糸で球 G に接続されたエッジ E を U 字形平台 B に静かにのせる.

2. 振子を静止させ, 正面から見て, 備え付けの目印の線 (基準線) と振子のポリエチレン糸と

がほぼ重なって見えることを確認する．必要なら基準線の位置を調整する．次に，球を静かに振動させる．解析に用いる (4.6) 式は 1 次元微小振動 ($\theta \ll 1$) を仮定しているので，振子の振り幅はなるべく小さくし，エッジに垂直な方向に振動させる．

3. 基準線通過のタイミングを利用して n 周期分の時間 nT をストップウォッチで測定し記録する．この測定を N 回繰り返す．以上を 2 種類の n について行い，それぞれ p.79 付録 1 の表 4.2 のようにまとめる (N, n の設定値は，特に教員の指定がなければ $N = 10$, $n = 5, 10$ とする)．また，振子の振り幅 Δx（左端から右端まで振動したとき球の中心が移動する距離）は，各自できるだけ一定になるよう設定し，代表的な値を定規で測って記録しておく．

[注意]
- 基準線通過から次の通過までの時間は周期の 1/2 であることに注意する．また，視差（見る角度によるずれ）を減らすように工夫すること．
- 振動回数の数え間違いが原因と思われる特異なデータは除外すること．

4.4　重力加速度の計算

以下の手順で測定値を解析し，重力加速度を求める．

1. p.79 付録 1 を参考にして，まず L, a, d および T（異なる n について 2 種）に対して最確値と標準偏差 ($\sigma_L, \sigma_a, \sigma_d, \sigma_T$) を求める．さらに，最大振れ角 θ_0 を振り幅 Δx から求める．レポートでは，ラジアン [rad] と度 [°] の両方で表示すること．ラジアンは円弧と半径の長さの比なので，微小振動であれば近似的に以下の式を使ってよい：

$$\theta_0 = \frac{1}{2}\left(\frac{\Delta x}{L + d - a}\right) \text{ [rad]} \tag{4.11}$$

2. T, L, a, d の最確値を (4.6) 式に代入して重力加速度 g の最確値を求める．誤差の伝播については表 4.3 のように解析し，g の最確値の標準偏差 σ_g を求める．最終結果として，

$$g = (最確値) \pm (最確値の標準偏差) \text{ [m/s}^2\text{]}$$

の形式でレポートに明記する．有効数字に注意し，標準偏差は 1 桁とする．最確値は標準偏差が表示されている位まで表示する．

良い例：　　$g = 9.77 \pm 0.05 \, \text{[m/s}^2\text{]}$

悪い例：　　$g = 9.768 \pm 0.05 \, \text{[m/s}^2\text{]}$, $g = 9.77 \pm 0.053 \, \text{[m/s}^2\text{]}$ など

[参考]　重力加速度 g の標準値は $9.80665 \, \text{[m/s}^2\text{]}$ であるが，表 4.1 のように測定地点で異なる．

表 4.1　各測定地点における重力加速度

	緯度	$g \, \text{[m/s}^2\text{]}$
パリ	48°49′08″	9.80665
札幌	43°04′24″	9.80478
那覇	26°12′27″	9.79096
福岡	33°35′36″	9.79629

5   考察課題

課題 1   より実用的な測定方法を考えてみる．(4.6) 式は以下のように書き直すと，

$$T^2 = \frac{4\pi^2}{g}(L + d - a) \tag{4.12}$$

となる．ここで，横軸に $L + d - a$，縦軸に T^2 をとってデータをプロットするとその傾き (b) が $4\pi^2/g$ となる．最小二乗法からその傾きを決定し，$g = 4\pi^2/b$ から重力加速度 g を決定する．L を変えながら T を測定し，決定した g を 4.4 節で決定した g (最確値) と比較せよ．L を 20 [mm] 刻みで変え，10 点以上の $(L_i + d - a, T_i^2)$ をプロットしたグラフを作成し，レポートに添付すること．ただし，各値の測定は，$N = 1, n = 10$ で行うこと．

課題 2   時間測定の信頼性について考察する．

表 4.2 に相当する各自の測定結果について，時間 nT の個々の測定値のばらつき (最確値との差) はおよそ何秒であったか．また，この値は，n が異なる測定においてどのように変化したか．以上の結果をもとに時間測定のばらつきの主な原因を検討する．また，可能であれば，同じ装置を使ってより精度を高くできる測定方法を提案する．

課題 3   得られた重力加速度 g の実験値の精度は，(4.10) 式の右辺各項を通じて T, L, a, d の測定の精度から決まる．各自のデータで作成した表 4.3 に相当する表をもとにして，g の精度に最も大きな影響を与えたのは T, L, a, d の精度のいずれであるかを考察する．

課題 4   任意の測定量について，測定回数 N と最確値の標準偏差 σ_m との関係を考察する．まず，N が十分に大きいとき，σ_{m} は N の何乗に比例するかを求めよ．さらに，$N \to \infty$ では $\sigma_{\mathrm{m}} \to 0$ となることを示せ (個々の測定値の残差 ρ_i の大きさは同程度であることから，(4.9) 式において，およそ $\displaystyle\sum_{i=1}^{N} \rho_i{}^2 \propto N$ であることを考慮する)．

課題 5   上で調べたように測定回数を増やせば最確値の標準偏差は小さくできる．しかし，たとえ標準偏差がゼロでも最確値が真の値であるとはいえない．他の要因である「系統的誤差」について簡潔に説明せよ (第 2 章 測定とデータの扱い方 を参照すること)．また，今回の実験方法において系統的誤差の原因となりそうな点を具体的に列挙せよ．

課題 6   次の観点からも考察を加える．

(i) (4.3) 式を導くために使った近似式：$\sin\theta \fallingdotseq \theta$ ($\theta \ll 1$ rad) は，$\sin\theta$ を $\theta = 0$ のまわりで Taylor 展開した式から導かれることを示せ．

(ii) 4.4 節での振子の振り幅 Δx が大きければ，振れ角 θ_0 も大きくなるので，近似的な (4.6) 式から求めた重力加速度 g と，より精密な (4.14) 式 (p.80 付録 2) から求めた g^* との差は無視できなくなる．(4.14) 式を使って θ_0 を考慮した重力加速度 g^* を求め，今回の実験では振れ角 θ_0 が十分に小さかったかどうかを考察する．g^* と g の差が g の最確値の標準偏差より小さければ，θ_0 は十分に小さく，微小振動近似は妥当であったといえる．

付録 1　データ解析の例

時間測定のデータと解析の例を表 4.2 に示す．この例では，10 周期の測定を $N = 10$ 回行って求めた周期の最確値 T_{10}，およびその標準偏差 $\sigma_{T_{10}}$ は，(4.8)，(4.9) 式から

$$10T_{10} = 18.366\,[\mathrm{s}]$$

$$10\sigma_{T_{10}} = \sqrt{\frac{1}{N(N-1)}\sum_{i=1}^{N}\rho_i{}^2} = \sqrt{\frac{26.24\times10^{-3}}{10(10-1)}} = 0.0170...$$

$$\therefore\ T_{10} = 1.8366\,[\mathrm{s}], \quad \sigma_{T_{10}} = 0.00170\,[\mathrm{s}]$$

となるので，$T_{10} = 1.837 \pm 0.002\,[\mathrm{s}]$ と報告される．

表 4.2　10 周期の測定データと解析方法の例 ($\theta_0 = 0.012\,[\mathrm{rad}] = 0.7°$)

回	$10T\,[\mathrm{s}]$	残差 $\rho_i\,[\mathrm{s}]$	$\rho_i{}^2\,[\mathrm{s}^2]$
1	18.46	0.094	8.836×10^{-3}
2	18.43	0.064	4.096×10^{-3}
3	18.36	-0.006	0.036×10^{-3}
$\vdots$	$\vdots$	$\vdots$	$\vdots$
10	18.35	-0.016	0.256×10^{-3}
計	183.66	—	26.24×10^{-3}

上のように，T の n 倍の量を直接測定した場合，T に対する最確値とその標準偏差は，nT に対する値の $1/n$ 倍になる．これは，$X = nT$ とおいて，直接測定量 X から間接測定量 $T = X/n$ への誤差の伝播 ((4.7) 式) を考えれば導かれる．すなわち，$\sigma_T = |\mathrm{d}T/\mathrm{d}X|\sigma_X = \sigma_X/n$ である．直径 $2a$ の測定から半径 a を求める場合も同様である．

表 4.3 に各測定値の解析結果の例を示す．「$(\sigma_g/g)^2$ への伝播量」の欄は，(4.10) 式の右辺の各項を求めたものである．この表のように，後で計算に使う場合には有効桁より多めに表示し，末位はいちいち四捨五入しなくてよい．これらの数値を (4.10) 式，(4.6) 式に代入すると，

$$(\sigma_g/g)^2 = (3.42 + 0.926 + 0.0002 + 0.0007)\times10^{-6} = 4.34\times10^{-6}$$

$$g = 4\pi^2(0.81000 + 0.020955)/1.83660^2 = 9.7254\,[\mathrm{m/s^2}]$$

$$\sigma_g = 9.7254\times\sqrt{4.34\times10^{-6}} = 0.020\,[\mathrm{m/s^2}]$$

となり，10 周期測定から求めた重力加速度は，$g_{10} = 9.73 \pm 0.02\,[\mathrm{m/s^2}]$ と報告される．

表 4.3　各測定量の解析結果と誤差の伝播の例 (後の計算のため，有効桁より多めに表示している).

	最確値 ± 標準偏差	$(\sigma_g/g)^2$ への伝播量 ((4.10) 式参照)
T_{10}	$1.83660 \pm 0.00170\,[\mathrm{s}]$	3.42×10^{-6}
L	$810.00 \pm 0.80\,[\mathrm{mm}]$	9.26×10^{-7}
a	$20.955 \pm 0.012\,[\mathrm{mm}]$	2.08×10^{-10}
d	$42.241 \pm 0.022\,[\mathrm{mm}]$	7.00×10^{-10}

付録2 振子の振り幅が大きい場合

振れ角 θ_0 が大きくなるにつれ，(4.3)～(4.6) 式は近似が悪くなってくる．(4.2) 式は楕円積分を用いてより一般的に解析され，あまり大きくない $\theta_0\,[\mathrm{rad}]$ について，周期 T は次式で与えられる．

$$T \approx 2\pi\sqrt{\frac{R}{g}}\left(1+\frac{\theta_0^2}{16}\right) \tag{4.13}$$

この式から求めた重力加速度 g^* は，次式で与えられる．

$$g^* \approx \frac{4\pi^2 R}{T^2}\left(1+\frac{\theta_0^2}{8}\right) \tag{4.14}$$

付録3 ノギスの使い方

ノギスには本尺と副尺があり $1/20\,[\mathrm{mm}]$ まで読みとることができる．したがって，最後の桁については誤差が含まれることになり，有効数字に注意して測定値を取り扱う必要が生じる．副尺 (バーニヤ) の 0 の値がノギスの指示値である．図 4.2 および図 4.3 の場合，ノギスの読みは $31.70\,[\mathrm{mm}]$ となる．図 4.4 の場合は，本尺の 5 と副尺の 1 がきっちり合っているので $1.10\,[\mathrm{mm}]$ となる．

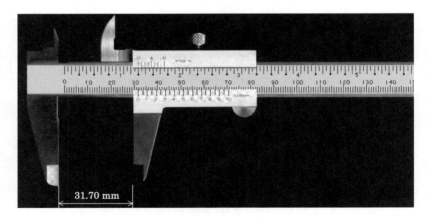

図 4.2 ノギスの外観

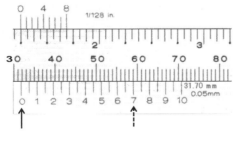

図 4.3 ノギスの目盛り

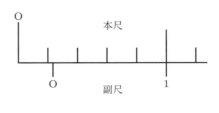

図 4.4 ノギスの読み方

A.1 抵抗およびコンデンサの表示の読み方

1 抵抗器

電子回路でよく使用する部品に抵抗器がある．単位は $[\Omega]$ を用いる．

1.1 表示の読み方

図 A.1.1 に抵抗器の表示例を示す．抵抗値とその誤差の範囲は色分けされた線で表示されている．表 A.1.1 に色と数値の対応表を示す．図 A.1.1 では第 3 数字まであるが第 2 までしかない抵抗もある．たとえば左から 赤・黄・橙・金 だと $24 \times 10^3 \pm 5\% = 24\,[\text{k}\Omega]$ となる．

図 A.1.1 では乗数と誤差の表示の間が他に較べて空いているし，誤差を表示している線が少し太いが，製品によってはそうでないものもある．また，製品によっては赤なのか茶なのか分からない物もあるので注意すること．正確な値を知りたい場合はマルチメータなどで測定しなければならない．以下に少し例を示す．

$$赤・黒・黒・橙・緑 = 200 \times 10^3 = 200\,[\text{k}\Omega] \pm 0.5\%$$

$$茶・黒・黒・茶 = 10 \times 10^0 = 10\,[\Omega] \pm 1\%$$

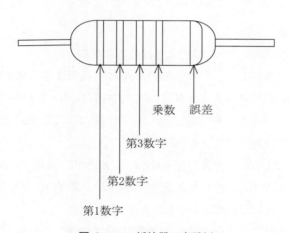

図 A.1.1 抵抗器の表示例

1.2 抵抗器の材質と定格電力

一般に，電子回路で使われる抵抗器は定格電力 1/8 から数ワット程度であり抵抗部の材質により次のような物がある．

- 金属被膜：温度係数が大変小さく，精度が高く，またノイズも小さいが値段が高い．
- 酸化金属被膜：温度係数・精度は金属被膜より劣るが耐熱性に優れる．
- 炭素皮膜：低精度ですべての面で金属被膜に劣り経年劣化もあるが値段が安い．

表 A.1.1　抵抗器表示色の値

色	数字	乗数	誤差 [%]	覚え方
金		10^{-1}	±5	
銀		10^{-2}	±10	
黒	0	10^0		黒い礼 (0) 服
茶	1	10^1	±1	小林一 (1) 茶
赤	2	10^2	±2	赤い二 (2) ンジン
橙	3	10^3	±0.05	第 (橙)3 の男
黄	4	10^4		四 (4) 季 (黄)
緑	5	10^5	±0.5	五月みどり
青	6	10^6	±0.25	青虫
紫	7	10^7	±0.1	紫式部
灰	8	10^8		ハイヤー
白	9	10^9		シロクマ

定格電力とは，たとえば 0.5 [W], 100 [Ω] だと電力 $= I^2 R = V^2/R$ なので 7 [V] の電圧を印加でき 0.07 [A] の電流を流すことができるということを意味する．ただし，実際はこれよりも少ない電圧・電流値で使用するのが望ましい．

2　コンデンサ

コンデンサとは 2 つの電極間に絶縁体 (誘電体とも言う) を挿入したもので電荷を溜めることができる．単位は [F] (ファラッド) を用いる．

2.1　コンデンサの種類

コンデンサは絶縁体の種類によって次のように分類される．

- セラミック：絶縁体にセラミックを使用した物で，高周波特性がよい．無極性．
- フィルム：絶縁体にフィルムを使用した物で，材質は，ポリエステル (マイラとも言う)，ポリプロピレン，ポリスチレンなどがある．材質によって特性は異なるが，一般的には，絶縁抵抗値が高く，温度特性がよい．無極性．
- 電解：電気分解による酸化被膜を絶縁体として使う物で，電極の金属によりアルミ電解とタンタル電解がある．大容量であるが，周波数特性，温度特性が悪く絶縁抵抗値も小さい．極性があるので接続には注意が必要である．
- その他には，絶縁体にマイカ (雲母)，ガラスなどを使用した物がある．

2.2　表示値の読み方

コンデンサにも静電容量などが表示されている．以下に表記例を示すが，製品によってはこれらの情報が表示されていない物もある．図 A.1.2 に外観を数例示す．221J は 22×10^1 [pF] ±5% を意味する．左から 2 番目までの数字は容量の数値を示し 3 番目の数字が 10 の乗数を表す．この表示の場合，単位の数値は p (ピコ) $= 10^{-12}$ である．最後の J は誤差値表示であり，表 A.1.2 にまとめる．B から N まではプラス側とマイナス側の誤差が等しく，P から Z では異なる．大き

な容量のコンデンサは記載できる面積が大きいので分かりやすい表示をしている物が多い．電圧は耐電圧値を表す．電解コンデンサは極性があるので接続の表示をしている．図のように通常マイナス側の表示をしていて，接続線は普通マイナス側が短い．

セラミック
コンデンサ

フィルム
コンデンサ

アルミ電解
コンデンサ

図 A.1.2 コンデンサの概観と容量の表示例

表 A.1.2 コンデンサ誤差値表示

記号	B	C	D	F	G	J	K	M	N
誤差 %	±0.1	±0.25	±0.5	±1	±2	±5	±10	±20	±30

記号	P	Q	T	U	V	W	X	Y	Z
誤差 %	+100	+30	+50	+75	+20	+100	+40	+150	+80
	0	−10	−10	−10	−10	−10	−20	−10	−20

A.2　直流電源の使い方

1　直流電源の種類

- 固定電源：固定された電圧，電流のみ出力する電源
- 可変電源：任意の電圧，電流を出力できる電源
- 定電圧電源：負荷の変動にかかわらず一定電圧を印加する電源．電圧源となる．
- 定電流電源：負荷の変動にかかわらず一定電流を流す電源．電流源となる．

　一般には電源は可変電源であり，定電圧電源 (CV) と定電流電源 (CC) を切り替えて使うことができることが多い．

2　出力端子

　出力端子はプラス (+)，マイナス (−)，GND の 3 つがあることが多い．

　通常は，GND に対して正の電圧を出力させる．このときにはマイナス (−) 端子と GND 端子をジャンパー線でショートさせて，プラス (+) 端子と GND 端子を使用する．ここでジャンパー線とは金属板であり，ショート (短絡) させる目的で作られている．

　GND に対して負の電圧を出力させるときには，プラス (+) 端子と GND 端子をジャンパー線でショートさせて，GND 端子とマイナス (−) 端子を使用する．

3　電源スイッチ

　電源を ON にする前に，出力電圧が 0 [V] に設定されているか確認する．電源を ON にしたとたんに，高い電圧が回路にかかることを防ぐためである．

　電源や測定器では，ウォームアップすることが重要である．したがって，電源のスイッチは頻繁に ON, OFF するものではない．一度 ON にして測定を開始したら，そのまま測定終了まで OFF にしない．配線のやり直しなどのときには出力電圧を 0 [V] にしておけばよい．あるいは OUTPUT スイッチのある電源では，電源スイッチが ON でも OUTPUT スイッチを OFF にすれば電圧は出力されない．

　電源を OFF にする前に，出力電圧が 0 [V] に設定されているか確認する．次に電源を ON にしたとたんに，高い電圧が回路にかかることを防ぐためである．

4　定電圧モード (CV) と定電流モード (CC)

　定電圧モードでは電源は一定の電圧を端子間に与えようとして，電流の調整を行う．電圧可変ツマミが0であるのを確認して，電流可変ツマミを最大に設定し，次に電圧可変ツマミにより出力電圧を調整する．CVランプがある電源ではCVランプが点灯する．

　定電流モードでは電源は一定の電流を端子間に与えようとして，電圧の調整を行う．電流ツマミが0であるのを確認して，電圧可変つまみを最大に設定し，次に電流可変ツマミにより出力電流を調整する．CCランプがある電源ではCCランプが点灯する．

A.3 物理単位

1 単位

1組の**基本単位**と，それより物理学の法則，定義にもとづく乗除のみで導かれる**組立単位**とからできている単位系を，一貫した(コヒーレントな)単位系という．

2 国際単位系 (SI)

1960年の国際度量衡総会は，あらゆる分野においてひろく世界的に使用される単位系として，MKSA単位系を拡張した**国際単位系(仏語 Système International d'Unités) 略称 SI** を採択した．日本の計量法もこれを基礎としている．

SI は，4種の基本量，すなわち**長さ，質量，時間，電流**に対してそれぞれ，**メートル [m]，キログラム [kg]，秒 [s]，アンペア [A]** を基本とし (MKSA単位系)，これに温度の関連している分野で基本量である熱力学的**温度**の単位**ケルビン [K]，物質量**を表す単位**モル [mol]**，および測光の分野で基本量である**光度**の単位**カンデラ [cd]** を加えた7個を**基本単位**する単位系である[1)]．

以前は**平面角 ラジアン [rad]，立体角 ステラジアン [sr]** の2個を補助単位としていたが，1995年に補助単位は廃止され，組立単位として分類されている．

3 基本単位

SIの基本単位および補助単位の大きさは，つぎのように定義されている[2)]．

時間 秒 [second, s] は，^{133}Cs原子の基底状態の2つの超微細準位 (F = 4, M = 0 および F = 3, M = 0) の間の遷移に対応する放射の 9.192631770×10^9 周期の継続時間である[2)]．

長さ メートル [metre, m] は，光が真空中で $1/2.99792458 \times 10^8$ [s] の間に進む距離である[3)]．

質量 国際キログラム原器の質量を**キログラム [kilogram, kg]** とする[3)]．

電流 アンペア [ampere, A] は，真空中に 1 [m] の間隔で平行に置かれた，無限に小さい円形断面

[1)] cgs単位系は，3種の基本量，すなわち**長さ，質量，時間**に対しそれぞれ，**センチメートル [cm, $= 10^{-2}$ m]，グラム [g, $= 10^{-3}$ kg]，秒 [s]** を基本単位とする単位系である．

[2)] 古くは秒は平均太陽日の $1 / (24 \times 60 \times 60)$ とされていた．平均太陽日とは1年間の太陽の平均速度をもって赤道上を等速運動する仮想の太陽 (平均太陽) が子午線を通過してからつぎに同じ子午線を通過するまでの時間である．しかしこの平均太陽日，したがって平均太陽秒はわずかながら時とともに変化するので，1956年に不変な時間の単位としての秒が1900年1月1日12時 (暦表時) における回帰年の $1/3.15569259747 \times 10^7$ と定義された (暦表秒)．回帰年とは太陽が春分点を通過してからつぎに再び春分点を通過するまでの時間で，毎年約 0.005 秒ずつ短くなる．その後，1967年に原子的標準による現在の秒の定義が採用された．

[3)] 元来メートルは子午線の北極から赤道までの長さの 10^{-7}，キログラムは1気圧，最大密度の温度における水 10^6 [mm^3] ＝1リットルの質量と規定され，後にこれらに基づいた2種の国際原器が作られたが，その後の精密な測定の結果，最初の規定と原器による定義とに差異のあることが判明し，それからはいずれも国際原器によって単位の大きさを定義することになった (1889)．その後長さについては原器と光の波長との比較が行われ，^{86}Kr原子の橙色のスペクトル線 ($2p_{10} - 5d_5$) の真空中における波長の 1.65076373×10^6 倍を1メートルとすることになり (1960)，さらに光の速度の測定精度の向上により現在の定義におきかえられた (1983)．

積を有する，無限に長い 2 本の直線状導体のそれぞれを流れ，これらの導体の長さ 1 [m] ごとに 2×10^{-7} [N] の力を及ぼし合う一定の電流である．

温度 熱力学温度の単位**ケルビン** [kelvin, K] は水の三重点の熱力学温度の 1/273.16 である．温度間隔にも同じ単位を使う．

物質量 **モル** [mole, mol] は 0.012 [kg] の ^{12}C に含まれる原子と等しい数 (アボガドロ数) の構成要素を含む系の物質量である．モルを使用するときは，構成要素を指定しなければならない．構成要素は原子，分子，イオン，電子，その他の粒子またはこの種の粒子の特定の系の集合体であってよい．

光度[4] **カンデラ** [candela , cd] は周波数 5.40×10^{14} [Hz] の単色放射を放出し所定の方向の放射強度が $1/683$ [W·sr^{-1}] である光源の，その方向における光度である．

4 SI 組立単位 (1)

平面角 **ラジアン** [radian, rad] は円の周上で，その半径の長さに等しい長さの弧を切り取る 2 本の半径の間に含まれる平面角である．単位としては m/m = 1 なので，無次元である．

立体角 **ステラジアン** [steradian, sr] は球の中心を頂点とし，その球の半径を 1 辺とする正方形に等しい面積を球の表面上で切り取る立体角である．単位としては $m^2/m^2 = 1$ なので，無次元である．

5 SI 組立単位 (2)

基本単位と補助単位の乗除で表される組立単位のうち，固有の名称をもつ SI 組立単位を表 A.3.1 と A.3.2 にまとめる．

表 A.3.1 SI 組立単位その 1

量	単位	単位記号	他の SI 単位による表し方	SI 基本単位による表し方
周波数	ヘルツ (hertz)	Hz		s^{-1}
力	ニュートン (newton)	N	J/m	$m \cdot kg \cdot s^{-2}$
圧力，応力	パスカル (pascal)	Pa	N/m^2	$m^{-1} \cdot kg \cdot s^{-2}$
エネルギー，仕事，熱量	ジュール (joule)	J	N·m	$m^2 \cdot kg \cdot s^{-2}$
仕事率，電力	ワット (watt)	W	J/s	$m^2 \cdot kg \cdot s^{-3}$
電気量，電荷	クーロン (coulomb)	C	A·s	$s \cdot A$
電圧，電位	ボルト (volt)	V	J/C	$m^2 \cdot kg \cdot s^{-3} \cdot A^{-1}$
静電容量	ファラド (farad)	F	C/V	$m^{-2} \cdot kg^{-1} \cdot s^4 \cdot A^2$
電気抵抗	オーム (ohm)	Ω	V/A	$m^2 \cdot kg \cdot s^{-3} \cdot A^{-2}$

[4] 点光源のある方向の光度とは，単位時間にその方向にむけて単位立体角中に放射される放射エネルギーを，国際的に定めた標準の比視感度分布で計った明るさの感度を表す量である．有限の大きさの光源はその大きさを無視し得るほど大きい観測距離においてこれを点光源と見なして上の定義を用いる．

[5] 1 [lm] = 等方性の光度 1 [cd] の点光源から 1 [sr] の立体角内に放射される光束．

[6] 1 [lx] = 1 [m^2] の面を，1 [lm] の光束で一様に照らしたときの照度．

[7] 1 [Bq] = 1 [s] の間に 1 個の原子崩壊を起こす放射能．

[8] 1 [Gy] = 放射線のイオン化作用によって，1 [kg] の物質に 1 [J] のエネルギーを与える吸収線量．

[9] 1 [Sv] = 1 [J/kg] = 100 [rem]

表 A.3.2　SI 組立単位その 2

量	単位	単位記号	他の SI 単位による表し方	SI 基本単位による表し方
コンダクタンス	ジーメンス (siemens)	S	A/V	$m^{-2} \cdot kg^{-1} \cdot s^3 \cdot A^2$
磁束	ウェーバー (weber)	Wb	V·s	$m^2 \cdot kg \cdot s^{-2} \cdot A^{-1}$
磁束密度	テスラ (tesla)	T	Wb/m^2	$kg \cdot s^{-2} \cdot A^{-1}$
インダクタンス	ヘンリー (henry)	H	Wb/A	$m^2 \cdot kg \cdot s^{-2} \cdot A^{-2}$
光束	ルーメン (lumen)[5]	lm	cd·sr	
照度	ルクス (lux)[6]	lx	lm/m^2	
放射能	ベクレル (becquerel)[7]	Bq		s^{-1}
吸収線量	グレイ (gray)[8]	Gy	J/kg	$m^2 \cdot s^{-2}$
線量当量	シーベルト (sievert)[9]	Sv	J/kg	$m^2 \cdot s^{-2}$

6　単位の 10^n 倍の接頭記号

10^n については表 A.3.3 に示すような接頭記号を単位の前に記述して用いる.

表 A.3.3　10^n 倍の接頭記号

倍数	記号	名称		倍数	記号	名称	
10	da	deca	デカ	10^{-1}	d	deci	デシ
10^2	h	hecto	ヘクト	10^{-2}	c	centi	センチ
10^3	k	kilo	キロ	10^{-3}	m	milli	ミリ
10^6	M	mega	メガ	10^{-6}	μ	micro	マイクロ
10^9	G	giga	ギガ	10^{-9}	n	nano	ナノ
10^{12}	T	tera	テラ	10^{-12}	p	pico	ピコ
10^{15}	P	peta	ペタ	10^{-15}	f	femto	フェムト
10^{18}	E	exa	エクサ	10^{-18}	a	atto	アト
10^{21}	Z	zetta	ゼタ	10^{-21}	z	zepto	ゼプト
10^{24}	Y	yotta	ヨタ	10^{-24}	y	yocto	ヨクト

7　基礎実験における単位の表記について

基礎実験では，物理量も数値の場合も常に四角カッコ [ ] を使って単位を表記することとしている．これは基礎実験ではレポートが手書きであるため，斜体 V と立体 V を区別して書くことが困難であるからである．丸カッコ ( ) を用いると関数の引数と間違える可能性があるので使わない．

例：電圧 V [V]，5.01 [V]

8　学術誌における単位の表記について

基礎実験では手書きでレポートを記述するので，単位は四角カッコで囲み，かならず物理量にも数字にもつけるようにしている．しかし学術誌や教科書などのように，フォント (文字種) を変えることにより，斜体と立体を区別して表記できる場合には，次のような表記を用いる.

- 物理量はイタリック (斜体)，単位はローマン (立体) で書く.

　　例：物理量 v, V, I，それぞれ単位は m/s, V, A

- 物理量の下付きの添字は通常はローマンで書き，i 番目などの指標になっているときには変数なのでイタリックとする．

  例：サンプル a の電圧 V_a と i 番目の素子の電流 I_i

- 物理量が文章中に現れるときには通常は単位を書く必要はない．なぜならば SI 単位であるので自明であるからである．

  例：この値を臨界電流密度 J_c という．

- 物理量の単位をあえて強調して表記したいときには，丸カッコ（ ）を使って書く．

  例：この値を臨界電流密度 $J_c\,(\mathrm{A/m^2})$ という．

- 物理量がある物理量の関数になっているときには次のように丸カッコ（ ）を使って書く．つまり丸カッコ内もイタリックであるので単位とは区別することができる．

  例：臨界電流密度 J_c は磁束密度 B の関数であり，$J_c(B) = \alpha B^{\gamma-1}$ のように近似できる．

- 数字には必ず単位をつける．なぜならばミリ，マイクロなどの接頭記号などがつく可能性があるからである．表記は数字のあとにスペースを入れて単位をつける．ただし，%は数字の直後に入れる．

  例：$5\,\mathrm{mm}$, $3.1 \times 10^5\,\mathrm{A/m^2}$, 10%の誤差

- グラフでは物理量のあとに丸カッコ（ ）を使って必ず単位を書く．なぜならばグラフでは数字が書かれているので接頭記号などがつく可能性があるからである．

  例：$J_c\,(\mathrm{A/m^2})$, $V\,(\mathrm{mV})$

9 ギリシア文字

ギリシア文字を表 A.3.4 にまとめる.

表 A.3.4 ギリシア文字

大文字	小文字	相当するローマ字		読み方
A	α	a,$\bar{a}$	alpha	アルファ
B	β	b	beta	ベータ
Γ	γ	g	gamma	ガンマ
Δ	δ	d	delta	デルタ
E	ϵ,ε	e	epsilon	エプシロン
Z	ζ	z	zeta	ゼータ (ツェータ)
H	η	$\bar{e}$	eta	エータ
Θ	θ,ϑ	th	theta	テータ (シータ)
I	ι	i,$\bar{i}$	iota	イオータ
K	κ	k	kappa	カッパ
Λ	λ	l	lambda	ラムダ
M	μ	m	mu	ミュー
N	ν	n	nu	ニュー
Ξ	ξ	x	xi	グザイ (クシー)
O	o	o	omicron	オミクロン
Π	π	p	pi	パイ (ピー)
P	ρ	r	rho	ロー
Σ	σ,ς	s	sigma	シグマ
T	τ	t	tau	タウ
Υ	υ	u,y	upsilon	ユープシロン
Φ	ϕ,φ	ph(f)	phi	ファイ
X	χ	ch	chi,khi	カイ (クヒー)
Ψ	ψ	ps	psi	プサイ
Ω	ω	$\bar{o}$	omega	オメガ

A.4 標準正規分布表

1 標準正規分布密度数値表

表 A.4.1 に標準正規分布密度の数値を示す．これは以下の関数で表される．

$$f(x) = \frac{1}{\sqrt{2\pi}} \exp\left(-\frac{x^2}{2}\right)$$

$\exp(x)$ は e^x と等価である．

表の見方　たとえば，$x = 0.98$ のときの $f(x)$ を知りたいときには，$x = 0.98 = 0.9 + 0.08$ であるので，表の x の行から 0.9 を調べその列の 0.08 のところを読めばよい．$f(0.98) = 0.2468$ であることがわかる．

Wolfram Alpha のプログラム例　Wolfram Alpha を使って計算した例を示す．Wolfram Alpha については付録 A.5 で詳しく述べる．

```
1/sqrt(2*pi)*exp(-0.98^2/2)                                    ☆ ▤
```

⌨ 📷 ▦ 🖌   ☰ Browse Examples ⤨ Surprise Me

Input:

$$\frac{1}{\sqrt{2\pi}} \exp\left(-\frac{0.98^2}{2}\right)$$

Open code ☁

Result: More digits

0.246809...

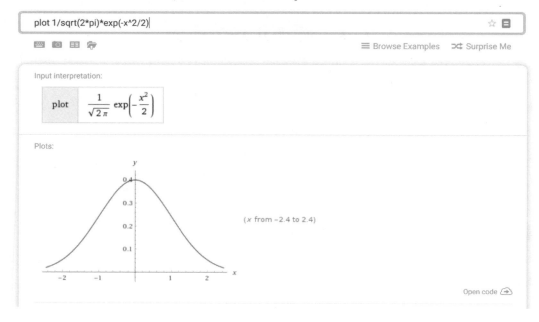

表 A.4.1 標準正規分布密度数値表

x	.00	.01	.02	.03	.04	.05	.06	.07	.08	.09
0.0	0.3989	0.3989	0.3989	0.3988	0.3986	0.3984	0.3982	0.3980	0.3977	0.3973
0.1	0.3970	0.3965	0.3961	0.3956	0.3951	0.3945	0.3939	0.3932	0.3925	0.3918
0.2	0.3910	0.3902	0.3894	0.3885	0.3876	0.3867	0.3857	0.3847	0.3836	0.3825
0.3	0.3814	0.3802	0.3790	0.3778	0.3765	0.3752	0.3739	0.3725	0.3712	0.3697
0.4	0.3683	0.3668	0.3653	0.3637	0.3621	0.3605	0.3589	0.3572	0.3555	0.3538
0.5	0.3521	0.3503	0.3485	0.3467	0.3448	0.3429	0.3410	0.3391	0.3372	0.3352
0.6	0.3332	0.3312	0.3292	0.3271	0.3251	0.3230	0.3209	0.3187	0.3166	0.3144
0.7	0.3123	0.3101	0.3079	0.3056	0.3034	0.3011	0.2989	0.2966	0.2943	0.2920
0.8	0.2897	0.2874	0.2850	0.2827	0.2803	0.2780	0.2756	0.2732	0.2709	0.2685
0.9	0.2661	0.2637	0.2613	0.2589	0.2565	0.2541	0.2516	0.2492	0.2468	0.2444
1.0	0.2420	0.2396	0.2371	0.2347	0.2323	0.2299	0.2275	0.2251	0.2227	0.2203
1.1	0.2179	0.2155	0.2131	0.2107	0.2083	0.2059	0.2036	0.2012	0.1989	0.1965
1.2	0.1942	0.1919	0.1895	0.1872	0.1849	0.1826	0.1804	0.1781	0.1758	0.1736
1.3	0.1714	0.1691	0.1669	0.1647	0.1626	0.1604	0.1582	0.1561	0.1539	0.1518
1.4	0.1497	0.1476	0.1456	0.1435	0.1415	0.1394	0.1374	0.1354	0.1334	0.1315
1.5	0.1295	0.1276	0.1257	0.1238	0.1219	0.1200	0.1182	0.1163	0.1145	0.1127
1.6	0.1109	0.1092	0.1074	0.1057	0.1040	0.1023	0.1006	0.0989	0.0973	0.0957
1.7	0.0940	0.0925	0.0909	0.0893	0.0878	0.0863	0.0848	0.0833	0.0818	0.0804
1.8	0.0790	0.0775	0.0761	0.0748	0.0734	0.0721	0.0707	0.0694	0.0681	0.0669
1.9	0.0656	0.0644	0.0632	0.0620	0.0608	0.0596	0.0584	0.0573	0.0562	0.0551
2.0	0.0540	0.0529	0.0519	0.0508	0.0498	0.0488	0.0478	0.0468	0.0459	0.0449
2.1	0.0440	0.0431	0.0422	0.0413	0.0404	0.0396	0.0387	0.0379	0.0371	0.0363
2.2	0.0355	0.0347	0.0339	0.0332	0.0325	0.0317	0.0310	0.0303	0.0297	0.0290
2.3	0.0283	0.0277	0.0270	0.0264	0.0258	0.0252	0.0246	0.0241	0.0235	0.0229
2.4	0.0224	0.0219	0.0213	0.0208	0.0203	0.0198	0.0194	0.0189	0.0184	0.0180
2.5	0.0175	0.0171	0.0167	0.0163	0.0158	0.0154	0.0151	0.0147	0.0143	0.0139
2.6	0.0136	0.0132	0.0129	0.0126	0.0122	0.0119	0.0116	0.0113	0.0110	0.0107
2.7	0.0104	0.0101	0.0099	0.0096	0.0093	0.0091	0.0088	0.0086	0.0084	0.0081
2.8	0.0079	0.0077	0.0075	0.0073	0.0071	0.0069	0.0067	0.0065	0.0063	0.0061
2.9	0.0060	0.0058	0.0056	0.0055	0.0053	0.0051	0.0050	0.0048	0.0047	0.0046
3.0	0.0044	0.0043	0.0042	0.004	0.0039	0.0038	0.0037	0.0036	0.0035	0.0034
3.1	0.0033	0.0032	0.0031	0.0030	0.0029	0.0028	0.0027	0.0026	0.0025	0.0025
3.2	0.0024	0.0023	0.0022	0.0022	0.0021	0.0020	0.0020	0.0019	0.0018	0.0018
3.3	0.0017	0.0017	0.0016	0.0016	0.0015	0.0015	0.0014	0.0014	0.0013	0.0013
3.4	0.0012	0.0012	0.0012	0.0011	0.0011	0.0010	0.0010	0.0010	0.0009	0.0009

2　標準正規分布 上側分布表

表 A.4.2 に標準正規分布の上側分布の数値をまとめる．これは標準正規分布の z よりも大きい部分の積分値である．図 A.4.1 にその様子を示す．

$$p(z) = \int_z^\infty \frac{1}{\sqrt{2\pi}} \exp\left(-\frac{x^2}{2}\right) \mathrm{d}x$$

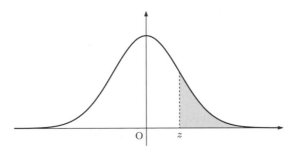

図 A.4.1　標準正規分布の上側分布の値．図の網掛け部分が $p(z)$ となる．

Wolfram Alpha のプログラム例

表 A.4.2 標準正規分布の上側分布数値表

z	.00	.01	.02	.03	.04	.05	.06	.07	.08	.09
0.0	0.5000	0.4960	0.4920	0.4880	0.4840	0.4801	0.4761	0.4721	0.4681	0.4641
0.1	0.4602	0.4562	0.4522	0.4483	0.4443	0.4404	0.4364	0.4325	0.4286	0.4247
0.2	0.4207	0.4168	0.4129	0.4090	0.4052	0.4013	0.3974	0.3936	0.3897	0.3859
0.3	0.3821	0.3783	0.3745	0.3707	0.3669	0.3632	0.3594	0.3557	0.3520	0.3483
0.4	0.3446	0.3409	0.3372	0.3336	0.3300	0.3264	0.3228	0.3192	0.3156	0.3121
0.5	0.3085	0.3050	0.3015	0.2981	0.2946	0.2912	0.2877	0.2843	0.2810	0.2776
0.6	0.2743	0.2709	0.2676	0.2643	0.2611	0.2578	0.2546	0.2514	0.2483	0.2451
0.7	0.2420	0.2389	0.2358	0.2327	0.2296	0.2266	0.2236	0.2206	0.2177	0.2148
0.8	0.2119	0.2090	0.2061	0.2033	0.2005	0.1977	0.1949	0.1922	0.1894	0.1867
0.9	0.1841	0.1814	0.1788	0.1762	0.1736	0.1711	0.1685	0.1660	0.1635	0.1611
1.0	0.1587	0.1562	0.1539	0.1515	0.1492	0.1469	0.1446	0.1423	0.1401	0.1379
1.1	0.1357	0.1335	0.1314	0.1292	0.1271	0.1251	0.1230	0.1210	0.1190	0.1170
1.2	0.1151	0.1131	0.1112	0.1093	0.1075	0.1056	0.1038	0.1020	0.1003	0.0985
1.3	0.0968	0.0951	0.0934	0.0918	0.0901	0.0885	0.0869	0.0853	0.0838	0.0823
1.4	0.0808	0.0793	0.0778	0.0764	0.0749	0.0735	0.0721	0.0708	0.0694	0.0681
1.5	0.0668	0.0655	0.0643	0.0630	0.0618	0.0606	0.0594	0.0582	0.0571	0.0559
1.6	0.0548	0.0537	0.0526	0.0516	0.0505	0.0495	0.0485	0.0475	0.0465	0.0455
1.7	0.0446	0.0436	0.0427	0.0418	0.0409	0.0401	0.0392	0.0384	0.0375	0.0367
1.8	0.0359	0.0351	0.0344	0.0336	0.0329	0.0322	0.0314	0.0307	0.0301	0.0294
1.9	0.0287	0.0281	0.0274	0.0268	0.0262	0.0256	0.0250	0.0244	0.0239	0.0233
2.0	0.0228	0.0222	0.0217	0.0212	0.0207	0.0202	0.0197	0.0192	0.0188	0.0183
2.1	0.0179	0.0174	0.0170	0.0166	0.0162	0.0158	0.0154	0.0150	0.0146	0.0143
2.2	0.0139	0.0136	0.0132	0.0129	0.0125	0.0122	0.0119	0.0116	0.0113	0.0110
2.3	0.0107	0.0104	0.0102	0.0099	0.0096	0.0094	0.0091	0.0089	0.0087	0.0084
2.4	0.0082	0.0080	0.0078	0.0075	0.0073	0.0071	0.0069	0.0068	0.0066	0.0064
2.5	0.0062	0.0060	0.0059	0.0057	0.0055	0.0054	0.0052	0.0051	0.0049	0.0048
2.6	0.0047	0.0045	0.0044	0.0043	0.0041	0.0040	0.0039	0.0038	0.0037	0.0036
2.7	0.0035	0.0034	0.0033	0.0032	0.0031	0.0030	0.0029	0.0028	0.0027	0.0026
2.8	0.0026	0.0025	0.0024	0.0023	0.0023	0.0022	0.0021	0.0021	0.0020	0.0019
2.9	0.0019	0.0018	0.0018	0.0017	0.0016	0.0016	0.0015	0.0015	0.0014	0.0014
3.0	0.0013	0.0013	0.0013	0.0012	0.0012	0.0011	0.0011	0.0011	0.0010	0.0010
3.1	0.0010	0.0009	0.0009	0.0009	0.0008	0.0008	0.0008	0.0008	0.0007	0.0007
3.2	0.0007	0.0007	0.0006	0.0006	0.0006	0.0006	0.0006	0.0005	0.0005	0.0005
3.3	0.0005	0.0005	0.0005	0.0004	0.0004	0.0004	0.0004	0.0004	0.0004	0.0003
3.4	0.0003	0.0003	0.0003	0.0003	0.0003	0.0003	0.0003	0.0003	0.0003	0.0002

A.5 Wolfram Alpha の使い方

1 はじめに

たとえば，4300/35 を計算したいとすると，このような単純な計算でもいまでは電卓を探す人の方が多く，紙と鉛筆で計算を始めようとする人はほとんどいないだろう．しかし微分，積分を含むような計算をしたいとすると，今度は紙と鉛筆で計算を始めるだろう．

Wolfram Alpha はウェブブラウザ上で微分積分などを含む計算を解析的に解くことができるサービスである．この情報工学基礎実験でも標準正規分布の計算で積分を必要とすることがあり，Wolfram Alpha のようなサービスを知ることは有用と思われる．実際に Wolfram Alpha では解析計算以外にも多くの情報を得ることができる．ここでは簡単に Wolfram Alpha の使い方を説明していく．

2 基本的な使い方

2.1 起動

`https://www.wolframalpha.com/` にアクセスすればよい．日本語化は数学を中心に一部行なわれているが，コマンドは英語で入力することになる．メッセージもほぼ英語である．

図 A.5.1 Wolfram Alpha

スマートフォン上でのウェブブラウザで使用することもできる．またスマートフォン用のアプリケーションもある．

専用のアプリでは入力用のキーボードが専用になり数式が入力しやすいほか，ヒントや例題が表示される．

2.2 実際に使ってみる

次の例を実際に入力してみると Wolfram Alpha が非常に便利なサービスであることが分かるだろう．

```
─ 数値計算 ─────────────────────────
4300/35
```

この場合，約分された結果や数値計算結果が表示される．

```
─ 円周率 ─────────────────────────
pi
```

これは円周率 π を表示する．数値の横の "表示桁数を増やす" を押すと，さらに表示桁数を増やすことができる．

```
─ 円周率の 10000 桁の表示 ─────────────
N[Pi,10000] か　 pi 10000 digits
```

円周率を 10000 桁で表示する．最初の入力表現は *Mathematica* に準じている．*Mathematica* は Wolfram 社が開発を続けている数式処理システムであり，詳しい使い方はウェブ上のマニュアルから調べることができるだろう．

```
─ 関数の 2 次元表示 ─────────────────
plot sin x
```

$\sin x$ を表示してくれる．

```
─ 関数の 3 次元表示 ─────────────────
plot sin x*y
```

$\sin xy$ を 3 次元で表示してくれる．

```
─ 標準正規分布の上側分布の面積計算 ────────
integrate 1/sqrt(2 pi) exp(-x^2/2) dx from 1 to infinity
```

これは下記の式で表される，標準偏差 $\sigma = 1$ の場合の標準正規分布の式について 1 から ∞ までの上側分布の面積の計算をしている．

$$\int_{1.0}^{\infty} \frac{1}{\sqrt{2\pi}} \exp\left(-\frac{x^2}{2}\right) \mathrm{d}x = 0.158655$$

integrate は積分を意味する．sqrt は $\sqrt{}$ (square root) を意味している．また infinity は ∞ を意味する．

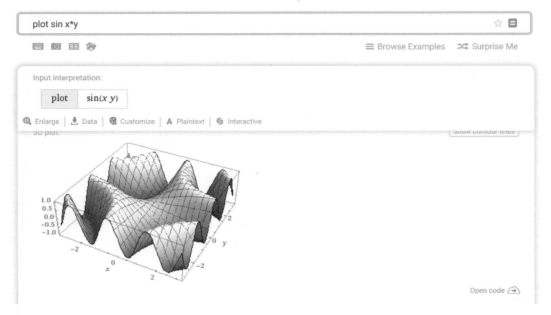

図 A.5.2　3 次元グラフの表示例

2.3　標準正規分布関連を解いてみる

　標準正規分布に関する問題が情報工学基礎実験には多い．実際にこれらを Wolfram Alpha で解いてみよう．下記を実際に入力してみてほしい．

┌─ **標準正規分布の規格化条件** ──────────────────────────┐

```
integrate 1/(sqrt(2 pi) sigma) exp(-x^2/(2sigma^2))dx
from -infinity to infinity


または sigma を 1 にして，
integrate 1/sqrt(2 pi) exp(-x^2/2) dx from -infinity to infinity
```

└──┘

第 2 章の式 (2.6)

$$\int_{-\infty}^{\infty} p(x)\,\mathrm{d}x = 1$$

$$p(x) = \frac{1}{\sqrt{2\pi}\sigma} \exp\left(-\frac{x^2}{2\sigma^2}\right)$$

を計算した．標準正規分布をマイナス無限大から無限大まで積分すると 1 になる．

標準正規分布の区間における積分

```
integrate 1/(sqrt(2 pi) sigma) exp(-x^2/(2sigma^2))dx
from -sigma to sigma
```

または sigma を 1 にして,

```
integrate 1/sqrt(2 pi) exp(-x^2/2) dx from -1 to 1
```

この例では第 2 章の式 (2.6) の次の式

$$\int_{-\sigma}^{\sigma} p(x)\,\mathrm{d}x = 0.6827$$

を計算した. これは第 2 章の式 (2.11) と同じである.

確率誤差の計算

```
solve integrate 1/sqrt(2 pi) exp(-x^2/2) dx
from -epsilon to epsilon = 1/2 for epsilon
```

第 2 章の式 (2.8) を $\sigma = 1$ の場合についてこの式を満たす ϵ の値を求めている.

$$\int_{-\epsilon}^{\epsilon} p(x)\,\mathrm{d}x = \frac{1}{2}$$

このようにして, 積分を含んだ方程式を数値的に解くこともできる. これを利用すれば 1/2 だけではなくて, 0.3 や 0.7 の場合についても同様に解くことができる.

2.4　他の数学上での有用な例

　Wolfram Alpha はもともと *Mathematica* をウェブサービスで利用できるようにしたものであるので, 数学の数式処理に関して抜群の解法を備えている. ここでは他の数学上での有用な例を示す. コマンドは英語または *Mathematica* のコマンドを調べて使うとよい.

線形代数：固有値

```
Eigenvalues {{1,2},{2,1}}
```

線形代数：逆行列

```
Inverse {{1,2},{2,1}}
```

線形代数：行列式

```
det {{1,2},{2,1}}
```

解析学：微分

```
d/dx exp(x^3) sin(x^3+3x)
```

```
── 解析学：不定積分 ───────────────────
integrate (sin x)^3 dx
```

```
── 解析学：定積分 ───────────────────
integrate (sin x)^3 dx from 0 to pi/2
```

```
── 解析学：テーラー展開 ─────────────────
series (sin x)^3
```

```
── 解析学：パラメトリックプロット ────────────
parametricplot {t^2-t^3,2 t^4-t}
```

```
── 微分方程式の解 ───────────────────
y' + y = 1
```

```
── 微分方程式の解 (境界条件あり) ─────────────
y'(x) = a y(x), y(0) = 1
```

```
── 因数分解 ──────────────────────
factor 2x^5 - 19x^4 + 58x^3 - 67x^2 + 56x - 48
```

```
── 方程式の解 ─────────────────────
x^3-4x^2+6x-24 = 0
```

3　応用的な使い方

　Wolfram Alpha で数学の解法について解説してきたが，Wolfram Alpha はデータベースと繋がっており，非常に多くの応用がある．Example (例題) のところからいくつか紹介するので，試してほしい．

```
── アルキメデスの立体 (半正多面体) ───────────
Archimedean solids
```

```
── 解析力学 ──────────────────────
Lagrangian (q')^2 - q^2
```

```
── 流体力学 ──────────────────────
flow around a cylinder
```

```
── 天文：天球儀の表示 ─────────────────
star chart
```

電磁気：ヘルムホルツコイル

`1m 1A Helmholtz coil`

銅の値段

`price of copper`

銅について

`Cu`

飯塚の天気

`weather Iizuka`

マイケル・フェルプスの金メダルの数

`How many medals has Michael Phelps won?`

イチローのヒットの数

`number of hits of ICHIRO`

ニューヨークにおける電気代

`cost of 300 kWh of electricity in NYC`

ジュラシック期における酸素濃度

`oxygen levels during the Jurassic`

フランスにおける山羊の数

`France goat population`

2つの航空会社の比較

`Southwest vs American Airlines`

究極の答え

`ultimate answer`

---

4 最後に

Wolfram Alpha は大変優れたサービスである．数値演算，記号計算はもちろん，グラフィクスなどもこなす．またデータベースに繋がっているので，さまざまな情報を正確に表示させることができる．基礎実験だけでなく他の科目においても，Wolfram Alpha を有効に利用してほしい．

なお，Wolfram Alpha を使いこなすにはそのエンジン部分の *Mathematica* を学ぶとよい．*Mathematica* に関する詳細な内容はインターネット上や多数の書籍が出ているので，そちらを参考にしてほしい．

また最近 Wolfram Cloud がアナウンスされた．これによると *Mathematica* のすべての機能を
ウェブ上で利用できるほか，簡単なウェブアプリケーションを作ることができる．フリー版もあ
るので，興味ある方は試してほしい．

参考文献および参考となる URL

- *Mathematica* のオンラインマニュアル：

  http://reference.wolfram.com/language/

- 小田部荘司，『学生が学ぶ *Mathematica* 入門 (完全版)[Kindle 版]』：

  http://www.amazon.co.jp/dp/B00JRP6DZK

- Wolfram Cloud: https://www.wolframcloud.com/

- http://aquarius10.cse.kyutech.ac.jp/~otabe/mathematica/

- http://bach.istc.kobe-u.ac.jp/mma/

編著者一覧

小田部 荘司

小松 英幸

宮瀬 紘平

李 旻哲

清水 文雄

許 宗焄

情報工学基礎実験

2018 年 9 月 10 日	第 1 版	第 1 刷	発行
2019 年 9 月 10 日	第 1 版	第 2 刷	発行
2021 年 9 月 10 日	第 2 版	第 1 刷	発行
2024 年 9 月 10 日	第 2 版	第 3 刷	発行

編　者　　九州工業大学情報工学部
　　　　　情報工学基礎実験運営委員会

発行者　　発田和子

発行所　　株式会社　学術図書出版社

〒113-0033　東京都文京区本郷 5 丁目 4 の 6

TEL 03-3811-0889　振替 00110-4-28454

印刷　三和印刷 (株)